高等学校教材

材料成型及控制工程专业综合实验教程

——创新性、综合型、一体化实验指导

李晓燕　刘　芳　主编

化学工业出版社

·北京·

本书为材料成型及控制工程专业的综合实验指导书，主要包括金属板材成形、聚合物复合材料成型、粉体材料成形以及金属材料冷热加工及组织性能四个模块的综合实验。根据不同材料的特点，按照从材料制备、材料成形性能检测到成形制件最终性能测试的思路设计实验，实现材料科学和工程的交叉，培养学生的综合能力和创新能力。

本书可作为材料成型及控制工程专业实验教学的教材，也可供相关专业的技术人员参考。

图书在版编目（CIP）数据

材料成型及控制工程专业综合实验教程——创新性、综合型、一体化实验指导/李晓燕，刘芳主编．—北京：化学工业出版社，2012.4
高等学校教材
ISBN 978-7-122-13469-1

Ⅰ．材… Ⅱ．①李… ②刘… Ⅲ．工程材料-成型-教材 Ⅳ．TB3

中国版本图书馆 CIP 数据核字（2012）第 024075 号

责任编辑：傅聪智　路金辉　　　　　　装帧设计：关　飞
责任校对：顾淑云

出版发行：化学工业出版社（北京市东城区青年湖南街 13 号　邮政编码 100011）
印　　装：化学工业出版社印刷厂
710mm×1000mm　1/16　印张 8　字数 129 千字　　2012 年 6 月北京第 1 版第 1 次印刷

购书咨询：010-64518888（传真：010-64519686）　　售后服务：010-64518899
网　　址：http://www.cip.com.cn
凡购买本书，如有缺损质量问题，本社销售中心负责调换。

定　　价：28.00 元

编写人员名单

主编　李晓燕　刘　芳

编写人员（以姓氏拼音为序）

陈小红	陈泽中	何代华	何　星
蹇敦亮	雷君相	李生娟	李　伟
李晓燕	李　颖	廖耀祖	刘　芳
刘新宽	马凤仓	钱　微	王　霞

前 言

材料成形是现代制造业的关键技术，也是材料科学与工程的重要组成部分，对国民经济的发展及国防建设的增强有着重要作用。材料成型及控制工程专业要求培养的学生既有深厚的理论知识，又有多方面的动手实验研究能力，因而实验教学越来越受到重视。为了使实验教学既与课程相关联，又有实验教学的独特性和针对性，并能满足开放实验室对教学的要求，我们编写了本教材。

本书作为材料成型及控制工程专业的综合实验指导书，主要包括金属板材成形、聚合物复合材料成型、粉体材料成形以及金属材料冷热加工及组织性能四个模块的综合实验。根据不同材料的特点，按照从材料制备、材料成形性能检测到成形制件最终性能测试的思路安排实验，实现材料科学和工程的交叉，按照创新性、综合型、一体化的方式设计实验。本书的出版将促进材料成型及控制专业学生的动手能力和创新能力，使学生能够更好地适应当前材料成形技术的发展。

本书由上海理工大学材料科学与工程学院组织编写，其中金属板材成形性能综合实验由刘芳、陈泽中和雷君相编写；聚合物复合材料成型性能综合实验由李晓燕、李颖、廖耀祖、钱微、王霞编写；粉体材料成形性能综合实验由李生娟、何代华、何星、蹇敦亮编写；金属材料冷热加工及组织性能综合实验由马凤仓、陈小红、李伟、刘新宽编写。

特别感谢上海理工大学杨俊和教授对本书实验设计的总体指导。

由于编者水平有限，本书在内容选择上和文字表达上均可能存在欠妥之处，敬请读者批评指正。

编者
2012 年 2 月

目　录

第一章　金属板材成形性能综合实验 / 1

第二章　聚合物复合材料成型性能综合实验 / 22

第一章

金属板材成形性能综合实验

金属板材成形在航空航天、汽车运输、电子电器、仪表家电、医疗器械等领域有着广泛的应用，是材料成形及控制工程专业的发展方向之一。了解和掌握板材的成形性能测试和实验方法，对解决板材成形工艺、模具设计和设备选择具有十分重要的意义。

依据国家标准系列 GB/T 15825—1995 的推荐规范，设计了金属板材成形性能综合实验，包括：真实应力应变曲线、球头胀形、圆筒形件拉深、圆锥形件拉深、锥杯复合成形、充液拉深等六个子实验，涵盖了金属板材的材料性能、本构关系、简单胀形性能、简单拉深性能以及复合胀形-拉深成形性能，既能全面反映金属板材的成形性能、流动规律，也能反映金属板材成形时的起皱、破裂等缺陷，还能反映通过调节压边力和液压力等参数来控制金属板材的综合流动规律。使学生了解金属板材的成形性能，预测成形缺陷，掌握测试和实验方法，进而能够掌握和设计金属板材成形工艺，并用于指导模具设计和设备选择。实验包括以下子实验。

1. 真实应力应变曲线实验

真实应力应变曲线是最基本的材料性能，它反映材料的本构关系，即应力-应变关系，为开展进一步的板材成形实验奠定基础。

2. 球头胀形实验

该实验主要反映和测量金属板材的基本成形性能——胀形性能，使学生了解和掌握板材胀形的基本规律。

3. 圆筒形件拉深实验

该实验主要反映和测量金属板材的基本成形性能——拉深成形性能，使学生了解和掌握板材拉深的基本规律。

4. 圆锥形件拉深实验

该实验主要反映和测量金属板材的复合成形性能——拉深和胀形复合，既可出现外皱和内皱，也会出现破裂缺陷，加深学生对复杂成形性能的理解。

5. 锥杯复合成形实验

该实验是国家标准推荐的标准的复合成形性能实验——拉深和胀形复合成形，反映和测量金属板材的拉深和胀形的复合成形性能，进一步加深学生对复杂成形性能和规律的理解。

6. 充液拉深实验

该实验在前述实验的基础上，进一步采用高压液体代替常规成形凹模，配合常规成形凸模，通过控制器调节压边圈压边力的大小和液压力的变化，来获得满足成形质量的复杂形状零件，反映了金属板材在多种变形、多向流动的复杂变形工况下的成形性能；引导学生学习通过多种控制手段和技术来掌控金属板材的复杂成形流动，进而获得满足实际生产需求的高质量复杂冲压制件。

通过金属板材成形性能综合实验，使材料成形与控制工程专业的学生掌握金属板材的真实应力应变曲线、本构关系、胀形性能、拉深性能、胀形-拉深复合成形性能、以充液拉深为代表的复杂成形方法，理解起皱、破裂等板材成形缺陷，更好地理解理论知识，掌握国家标准测试方法、掌握板材简单成形工艺和复合成形工艺，进而能够学会制定板材成形工艺，进行模具设计，并学会选择成形设备。

实验 1.1　真实应力应变曲线实验

一、实验目的

　　了解万能材料试验机的工作原理，初步掌握试验机的操作规程；掌握金属板材的屈服（流动）极限 σ_s、强度极限 σ_b、延伸率 δ 和截面收缩率 φ 的测定方法；能根据测定的材料的工程应力-应变曲线建立其真实应力-应变曲线；熟悉试件在拉伸过程中的各种现象（弹性、屈服、强化、颈缩等）。

二、实验仪器、设备及材料

　　实验设备：Zwick 50kN 万能材料试验机及拉伸夹具；游标卡尺等。
　　实验试样：材料 ST16，试样尺寸见 GB6397—86。

三、实验原理

1. 试样制备

　　测定金属材料的机械性质需要将试件制成符合国家标准（GB 6397—86）的形状和尺寸。对厚、薄板材，一般采用矩形试样，其宽度根据产品厚度（通常为 0.1mm～25mm）采用 10mm、12.5mm、15mm、20mm、25mm 和 30mm 六种比例试样，尽可能采用 $l_0 = 5.65\sqrt{A_0}$ 的短比例试样。试样厚度一般应为原轧制厚度，但在特殊情况下也允许采用四面机加工的试样。通常试样宽度与厚度之比不大于 4∶1 或 8∶1，试样形状如图 1-1 所示。

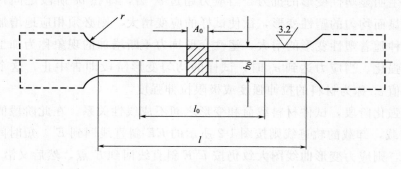

图 1-1　标准拉伸试样

2. 拉伸试验

金属材料在拉伸过程中，可分为三个阶段：弹性变形阶段、弹塑性变形阶段和断裂阶段。低碳钢拉伸应力-应变曲线如图 1-2 所示。

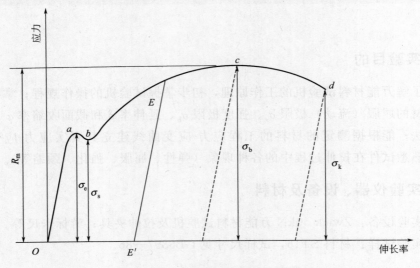

图 1-2　低碳钢拉伸应力-应变曲线

（1）弹性变形阶段

载荷与变形成正比关系，图中表现为 Oa 直线段，符合虎克定律。卸载后试件的变形能够恢复原状。σ_e 为弹性极限应力，表示不发生永久变形的最大应力，即：当 $\sigma < \sigma_e$ 时，试样处于弹性变形阶段。

（2）弹塑性变形阶段

图中的 ab、bc 段，ab 阶段时材料暂时失去了抵抗变形的能力，表现为载荷在很小的范围内波动，而变形量却迅速增加。σ_s 为屈服强度，表示金属开始发生明显塑性变形的抗力。当应力超过 σ_s 后，即在 bc 阶段之间，试样发生明显而均匀的塑性变形，欲使试样的应变增大，则必须相应地增加应力值，这种随着塑性变形的增大，塑性变形抗力不断增加的现象称为加工硬化或应变强化。当应力达到 σ_b 时，试样的均匀变形阶段即告中止，这个最大的应力值 σ_b 称为材料的拉伸强度或极限拉伸强度。

在强化阶段，试件材料载荷和变形之间不成线性关系。在此阶段的任意点 E 卸载，卸载的轨迹线则按图 1-2 所示的 EE' 斜直线回到 E'。短时间内若再加载，则应力变形曲线图大致仍按 $E'E$ 斜直线回到 E 点，然后又沿 Ec 曲线变化。另可观察到 $EE'//Oa$，两线的斜率是一样的。

（3）断裂阶段

σ_b 以后，试样开始发生不均匀塑性变形并形成颈缩，即由分散性失稳转化为集中性失稳，使试件继续变形所需的载荷也相应减小，故应力下降。最后直至 d 点达到 σ_k 时试样断裂。

将拉断的试件紧密吻合后测得标距为 l_1，则延伸率按下式计算：

$$\delta = \frac{l_1 - l_0}{l_0} \times 100\% \tag{1-1}$$

式中，δ 为延伸率，l_1 为断裂后的标距离，l_0 为初始设定的标距。

四、实验方法与步骤

1. 打开电源，启动 Zwick 50kN 万能材料试验机，打开 testXpert II 控制程序。

2. 根据实验材料要求，设置机器参数，包括引伸计标距和当前夹具间距，试验速度、加载速度等。

3. 用游标卡尺测量并记录试样标距长度内的原始厚度 a_0 和宽度 b_0，其测量误差应使原始横截面积 S_0 的误差不超过 2%，并输入试验向导中。

4. 用夹具夹持试样上端，保证垂直性。调整上下夹具间距，直至可以正确夹持试样的上下两端。点击"力清零"图标，然后用夹具夹持试样的另一端。点击 testXpert II 控制程序中"start"图标，开始试验测试。

5. 当测试达到预载力后，绑定引伸计。实验继续进行，直至试样断裂。解除引伸计，保存实验数据。

6. 取出试样，记录实验数据，包括变形后试样的厚度 a 和宽度 b 等。

7. 按照步骤 3～6 继续新的测试。

8. 测试完成后，清理实验场地，试验机机构复原，切断电源，关闭 testXpertII 控制程序，关闭电脑。

9. 根据导出的实验数据进行有关计算。

五、实验数据处理

1. 绘制真实应力-真实应变曲线：从实验结果数据中可以导出真实应力-应变数据，通过画图软件可绘制真应力-应变曲线。

2. 计算延伸率 δ，可从实验结果数据中获得。

3. 读取屈服点 σ_s、拉伸强度 σ_b、屈服比 σ_s/σ_b 等数据。在得到的真实应力-应变曲线图上可标注出屈服点 σ_s、拉伸强度 σ_b。

六、实验报告要求

实验报告应包括以下内容：所用标准；试样材料、尺寸；根据应力-应变曲线，指出材料的屈服点 σ_s、拉伸强度 σ_b，计算材料的延伸率；绘制真实应力-应变曲线。

七、思考题

1. 为何试件拉伸后破坏断面与轴线大致成 45°？
2. 真实应力-应变曲线有什么用途？

实验 1.2 球头胀形实验

一、实验目的

了解通用板材成形性试验机的工作原理；初步掌握试验机的操作规程；掌握金属板材的杯突值的测定方法。

二、实验仪器、设备及材料

实验设备：BCS-30D 通用板材成形性试验机。

实验试样：材料 ST16，厚度 0.6mm。

三、实验原理

1. 试样制备

试样毛坯一般厚为 0.2~2mm，可采用条料、方料或圆料，宽度或直径为 90~95mm。切取试样时，必须保持试样平整，其边部不得有毛刺和扭曲。试样不得锤击或冷、热加工。从板卷上切取的试样，应不经矫直进行试验。

2. 杯突试验

用头部为规定尺寸球形的凸模，将夹紧在凹模与压边圈间的试样压入凹模内，直至出现穿透试样厚度的裂缝位置。测量凸模顶端压入试样的深度作为杯突值，用以反映材料在拉胀成形时的塑性变形性能，单位为毫米，常用符号 IE 表示。杯突试验所用模具如图 1-3 所示。

试验前，试样两面和冲头应轻微地涂以润滑脂，压边力应保持在 10kN，试验速度在 5~20mm/min 之间。

四、实验方法与步骤

1. 测量试样毛坯厚度，精确到 0.01mm。

2. 试验前试样按 HB 6140.1—87《金属薄板成形性试验方法通用试验规程》加以清洗。

3. 将经过润滑处理的试样正确放置于试验装置中。

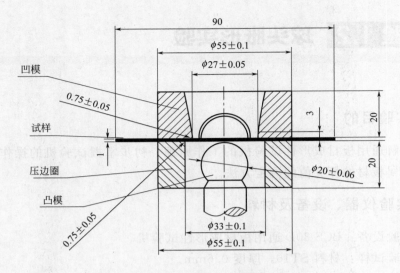

图 1-3　杯突试验模具图

注：若用圆料，圆心应在凸模轴线上，偏差不大于 1mm；若用条料，压坑中心应在两侧边等距离，偏差应不大于 2mm。压坑中心与条料端头距离应不小于 45mm。两压坑中心间的距离应大于 55mm。

4. 夹紧试样，调节夹紧力约为 10kN，这时凸模起始位置刚好与试样表面接触。

5. 打开板材成形实验软件，点击快捷按钮上的"凸耳试验"，进行试验参数设置，包括压边力、试验速度和控制载荷等。杯突试验前要进行零点设置。设置过程为：点击"Zero"或相应的菜单，将测量的试样厚度填入零点设置对话框后，将零点线的红色鳄鱼夹夹在试样上，黑色鳄鱼夹夹在试验机机身上，然后点击开始按钮，此时系统会自动找零。等凸模下降停下来后，零点设置结束，则可以开始做杯突试验。

6. 点击开始试验。试验过程中压边力保持 10kN±1kN。试验速度一般控制在 5～20mm/min 之间，当接近试样破裂时，应将速度降低，以便正确地确定穿透裂缝出现的瞬间并及时停止凸模前进。

7. 裂缝开始穿透试样厚度时立即停止试验，这时显示的凸模位移量即所测杯突值。试验结果可从数据文件中读出。

五、实验数据处理

1. 每种材料应测三次，取平均值作为该材料的杯突值，杯突值 IE 应精确到 0.1mm。

2. 测量试样突缘宽度（或直径）的收缩量，如收缩量大于 0.5mm，该杯突值无效。将数据录入表 1-1 中。

按 GB 4156—84，杯突实验应取 6 块有效试件的凸模压力深度的算术平均值作为杯突值。

测量凸模压入的深度时应考虑到试件顶部的变薄量：

$$t_1 = t_0 - t \tag{1-2}$$

式中，t_0 为试件原始厚度，mm；t 为试件顶点厚度，mm；t_1 为试件顶点变薄量，mm。

凸模压入深度为：

$$h = h_1 + t_1 \tag{1-3}$$

式中，h_1 为试件顶点增高值，mm；h 为凸模压入深度，mm。

杯突值（IE 值）为：

$$IE = \frac{1}{n} \sum_{i=1}^{n} h_i \tag{1-4}$$

式中，n 为有效试件数 。

六、实验报告要求

实验报告应包括以下内容：所用标准号；试样名称和编号；试样毛坯厚度及尺寸；所用润滑剂类型；压边力；计算杯突值；填写表 1-1。

表 1-1　数据记录及处理

序号 / 项目名称	1	2	3	4
毛坯厚度 t_0/mm				
压边腔液压/MPa				
胀形最大液压/MPa				
压边力/kN				
最大冲压力/kN				
试件顶点厚度 t/mm				

项目名称 \ 序号	1	2	3	4
试件顶点变薄量 t_1/mm				
试件顶点增高值 h_1/mm				
凸模压入深度 h/mm				
IE 值/mm				

七、思考题

1. 简述杯突实验中金属流动过程。

2. 杯突值反映板料的什么性能？

实验 1.3 圆筒形件拉深试验

一、实验目的

掌握压边力对圆筒形件拉深的影响规律性；掌握计算机测控技术在拉深工艺过程中的应用；预测和控制拉深过程中的缺陷-皱曲和破裂的发生。

二、实验内容

压边力是板料拉深成形过程中的重要工艺参数之一，合理控制压边力的大小可避免起皱或破裂缺陷，拉深出高质量的冲压零件。

1. 观察圆筒形件恒压边力拉深皱曲（压边力较小时）、破裂（压边力较大时）、正常（压边力合适时）现象；观察圆筒形件变压边力拉深皱曲（压边力较小时）、破裂（压边力较大时）、正常（压边力合适时）现象。

2. 测量拉深力-行程曲线；压边力-行程曲线。

3. 进行对比分析研究。

三、实验所用的设备、工具和试件

实验设备：BSC-30D 通用板材成形性试验机；

实验模具：倒装式拉深模具 1 套；模具工作尺寸如表 1-2 所示。

表 1-2　圆筒形拉深模具尺寸/mm

板料基本厚度 T_0	凸模直径 D_p	凸模圆角半径 R_p	凹模直径 D_d	凹模圆角半径 R_d
0.45～0.64			$51.80^{+0.05}$	6.4 ± 0.10
>0.64～0.91	$50_{-0.05}$	5.0 ± 0.1	$52.56^{+0.05}$	9.1 ± 0.10
>0.91～1.30			$53.64^{+0.05}$	13.0 ± 0.15

实验工具：游标卡尺、钢尺、千分尺。

实验润滑剂：机油；拉深油；聚氯乙烯薄膜。

实验试样：材料 ST16

毛坯直径 D_0＝85mm，90mm，95mm

板料厚度 δ_0＝0.8mm，0.6mm，1.0mm

四、实验方法和步骤

1. 准备四个相同尺寸和材料的拉深用坯料，测量并记录坯料直径和厚度。

2. 在较小压边力下拉深 1 号试件，出现皱曲缺陷，记录拉深力-行程曲线。

3. 在较大压边力下拉深 2 号试件，出现破裂缺陷，记录拉深力-行程曲线。

4. 在合理压边力下拉深 3 号试件，不出现皱曲和破裂缺陷，记录拉深力-行程曲线。

5. 在合理压边力下拉深 4 号试件，不出现皱曲和破裂缺陷，记录拉深力-行程曲线。

五、实验报告要求

实验报告应包括以下内容：实验名称；实验目的；实验内容；实验装置；润滑剂；试件材料及尺寸；测定记录，绘制拉深力-行程曲线、压边力-行程曲线；计算分析结果。

附录：　关于最小压边力的估算说明

在拉深（拉深和凸耳）类实验中，允许使用不同的经验公式估算其所需的最小压边力 F_{pmin}，本书推荐下述公式：

$$F_{pmin} = 0.1 F_{pmax}\left(1 - \frac{18t_0}{D_0 - D_d}\right)\left(\frac{D_0}{d_p}\right)^2$$

$$F_{pmax} = 3(\sigma_b + \sigma_s)(D_0 - D_d - r_d)t_0 \qquad (1-5)$$

式中，F_{pmax} 为最大拉深力，N；D_0 为试样直径，mm；σ_b 为板料抗拉强度，Pa；σ_s 为板料屈服点，Pa；r_d 为凹模圆角半径，mm。

实验 1.4 圆锥形件拉深试验

一、实验目的

了解和掌握压边力对圆锥形件拉深的影响规律性；熟悉和掌握计算机测控技术在拉深工艺过程中的应用；预测和控制拉深过程中的缺陷-皱曲和破裂的发生。

二、实验内容

压边力是板料拉深成形过程中的重要工艺参数之一，合理控制压边力的大小可避免起皱或破裂缺陷，拉深出高质量的冲压零件。

1. 圆锥形件恒压边力拉深皱曲（压边力较小时）、破裂（压边力较大时）、正常（压边力合适时）。

2. 圆锥形件变压边力拉深皱曲（压边力较小时）、破裂（压边力较大时）、正常（压边力合适时）。

3. 测量拉深力-行程曲线；压边力-行程曲线。

4. 进行对比分析研究。

三、实验所用的设备、工具和试件

实验设备：BSC-30D 通用板材成形性试验机。

实验模具：倒装式拉深模具 1 套。

凸模直径 $D_p=50$mm；凸模圆角半径 $r_p=5.0$mm±0.1mm；

凹模直径 $D_d=57.00^{+0.05}_{0}$mm；凹模圆角半径 $r_d=25.0$mm±0.25mm。

实验工具：游标卡尺、钢尺、千分尺、R 规。

实验润滑剂：机油；拉深油；聚氯乙烯薄膜。

实验试件：材料 ST16，规格如下：

毛坯直径 $D_0=87$mm，103mm，108mm

板料厚度 $\delta_0=0.8$mm，0.6mm，1.0mm

四、实验方法和步骤

1. 准备四个尺寸和材料相同的拉深用坯料，测量并记录坯料直径和厚度。

2. 在较小压边力下拉深 1 号试件，出现皱曲缺陷，记录拉深力-行程曲线。

3. 在较大压边力下拉深 2 号试件，出现破裂缺陷，记录拉深力-行程曲线。

4. 在合理压边力下拉深 3 号试件，不出现皱曲和破裂缺陷，记录拉深力-行程曲线。

5. 在合理压边力下拉深 4 号试件，不出现皱曲和破裂缺陷，记录拉深力-行程曲线。

五、实验报告内容

实验报告应包括以下内容：实验名称；实验目的；实验内容；实验装置；润滑剂；试件材料及尺寸；测定记录，绘制拉深力-行程曲线、压边力-行程曲线；计算分析结果。

实验 1.5　锥杯复合成形实验

一、实验目的

熟悉和掌握以锥杯值为标准的金属薄板"拉伸＋胀形"复合成形性能实验方法；熟悉和掌握厚度 0.5～1.6mm 的金属薄板的复合成形性能。

二、实验所用的标准、模具及试样

1. 标准

滚动轴承，钢球：GB 308。

金属薄板成形性能与实验方法，通用实验规程：GB/T 15825.2。

本实验所用的符号、名称和单位如表 1-3 所示。

表 1-3　锥杯复合成形代号表

符　号	名　　　称	单　位
D_{max}	锥杯底部侧壁破裂时，其口部的最大外径	mm
D_{min}	锥杯底部侧壁破裂时，其口部得最小外径	mm
CCV	锥杯值	mm
η	相对锥杯值	
F_p	凸模力	N
d_p	凸模杆直径	mm
D_p	钢球直径	mm
D_o	试样直径	mm
D_d	凹模孔直端直径	mm
r_d	凹模圆角半径	mm
γ	凹模孔锥角	(°)
h_d	凹模孔直端有效高度	mm
h'_d	凹模孔直端开口高度	mm
D	锥杯口外径	mm
$\overline{D}_{max}$	锥杯口平均最大外径	mm
$\overline{D}_{min}$	锥杯口平均最小外径	mm
$\overline{CCV}$	平均锥杯值	mm
n	有效重复实验次数	mm
CCV_i	每次实验得到的锥杯值，角标 $i=1$、2、3	
$\overline{\eta}$	平均相对锥杯值	
$\overline{\eta}_i$	每次实验得到的相对锥杯值，角标 $i=1$、2、3	

2. 实验模具

模具工作尺寸按表 1-4 规定。

表 1-4　锥杯复合成形模具和试样尺寸/mm

名　称　模具类型 板料基本厚度	Ⅰ	Ⅱ	Ⅲ	Ⅳ
	0.50～<0.80	0.80～<1.00	1.00～<1.30	1.30～<1.60
钢球直径 D_p	12.7	17.46	20.64	26.99
凸模杆直径 d_p	$=D_p$	$=D_p$	$=D_p$	$=D_p$
试样直径 D_0	36±0.02	50±0.02	60±0.02	78±0.02
凹模孔直端直径 D_d	14.60±0.02	19.95±0.02	24.40±0.02	32.00±0.02
凹模圆角半径 r_d	3	4	6	8
凹模孔锥角	60°±0.05°	60°±0.05°	60°±0.05°	60°±0.05°
凹模孔直端有效高度 h_d	>20	>20	>25	>25
凹模孔直端开口高度 h'_d	>5	>5	>5	>5

3. 实验试样

本实验采用圆片试样，直径按表 1-4 规定。按 GB/T 15825.2 第 3 章规定制备试样，并记录试样实测厚度。

4. 实验条件

（1）润滑　按 GB/T 15825.2 第 6 章规定，推荐使用 1 号、2 号和 3 号润滑剂对试样进行润滑。

（2）实验速度　本实验对实验速度（凸模运动速度）不做具体规定。

5. 实验装置与实验机

（1）按 GB/T 15825.2 中 5.1 条规定准备实验装置，要求在工作行程内，钢球中心与凹模中心线的偏差不大于 0.1mm。

（2）实验装置应能保证试样进入凹模锥孔时，试样平面与凹模孔中心线垂直，具体要求试样边缘距凹模端面的高度差不超过 0.2mm。

（3）如果实验装置不能保证 8.2 条规定，则必须在开机前使用一定重量的定位保平块压迫试样平面与凹模孔中心线垂直。

（4）按 GB/T 15825.2 中 5.2 条规定准备实验机。

三、实验原理

实验时，将试样平放在锥形凹模孔内，通过铜球对试样进行"拉深＋胀形"复合成形，即锥杯成形，如图 1-4 所示，直到杯底测壁发生破裂时停机，然后测量锥杯口部的最大外径 D_{max} 和最小外径 D_{min}，并用它们计算锥杯值 CCV（或相对锥杯值 η，参见本实验附录 A），作为金属薄板的"拉深＋胀形"复合成形性能指标。

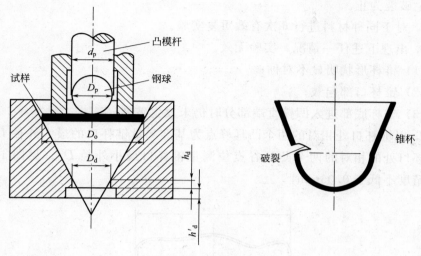

图 1-4　锥杯实验

按 GB308 规定制备钢球。按 GB/T 15825.2 中 4.1 条规定制备凸模杆和凹模。

对于凹模孔锥角及凹模圆角半径，原则上应以石膏等材料复制模型，用投影仪放大其轮廓进行测量检查，放大倍数不低于 5 倍。

按表 1-5 规定的检验塞规尺寸，沿互成直角的两个方向测量检查凹模孔直端直径 D_4。

表 1-5　检验塞规尺寸/mm

模具类型＼塞规部分	通过端	止端
Ⅰ	$14.58_{-0.005}^{0}$	$14.62_{0}^{+0.005}$
Ⅱ	$19.93_{-0.005}^{0}$	$19.97_{0}^{+0.005}$
Ⅲ	$24.38_{-0.005}^{0}$	$24.42_{0}^{+0.005}$
Ⅳ	$31.98_{-0.005}^{0}$	$35.02_{0}^{+0.005}$

四、实验方法和步骤

1. 根据板料基本厚度按表 1-4 选择实验模具。

2. 按照 GB/T 15825.2 中 4.2、5.1.2/5.2.2 和 5.2.3 条规定，对模具、

实验装置和实验机进行清洗、检查和润滑。

3. 进行预实验。

4. 将试样平放在凹模孔内，启动实验装置进行锥杯成形，直至杯底侧壁发生破裂为止。

5. 对于同种材料进行 6 次有效重复实验。

6. 出现下述任一情况，实验无效。

（1）锥杯形状明显不对称；

（2）锥杯口部起皱；

（3）锥杯底部进入凹模直端部分时仍未发生破裂。

7. 以锥杯口处相对的两个凸耳峰点为基准测量锥杯口的最大外径 D_{max}；以锥杯口处的相对的两个凸耳谷点位测量锥杯口最小外径 D_{min}（见图 1-5）；测量精度不低于 0.05mm。

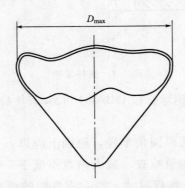

图 1-5　测量锥杯口的最大和最小外径

五、实验结果计算

1. 按每个试样的实测点数分别计算锥杯口最大外径和最小外径的算术平均值 D_{max}、D_{min}，计算结果保留一位小数。

2. 按公式(1-6)计算每个试样的锥杯值 CCV，计算结果保留一位小数。

$$CCV = \frac{1}{2}(D_{max} + D_{min}) \tag{1-6}$$

式中，D_{max} 为锥杯口最大外径；D_{min} 为锥杯口最小外径；CCV 为锥杯值。

3. 按公式(1-7)计算重复实验得到的平均锥杯值 CCV，计算结果保留一位小数。

$$CCV = \frac{1}{n} \sum_{t=1}^{n} CCV \tag{1-7}$$

式中，n 为实验次数。

六、实验报告内容

实验报告应包括以下内容：实验材料的规格、牌号和状态；材料实测厚度；实验方法：按 GB/T 15825.6；试样尺寸；模具尺寸及状态，包括钢球直径、凹模孔直径，钢球和凹模的材料及硬度；实验设备；实验条件：包括试样润滑剂、润滑方法和实验速度等；实验记录和计算结果：包括锥杯底部侧壁破裂时的口部最大外径及其平均值、最小外径及其平均值，以及每个试样的锥杯值和所有试样的平均锥杯值等。

附录　关于锥杯实验结果的说明

1. 锥杯实验结果也可以用相对锥杯值 η 表示，并按公式（1-8）计算，计算结果保留三位小数。

$$\eta = \frac{D_0 - CCV}{D_0} \tag{1-8}$$

2. 按公式（1-9）计算平均相对锥杯值 $\bar{\eta}$，计算结果保留三位小数。

$$\bar{\eta} = \frac{1}{n} \sum_{i=1}^{n} \eta_i \tag{1-9}$$

3. 如果使用的实验机带有示力装置，锥杯实验使用的凸模力也可以作为参考实验结果列入实验报告。

实验 1.6 充液拉深实验

一、实验目的

了解分区变压边力充液拉深原理；掌握车灯反射镜零件充液拉深皱曲、破裂和正常工艺过程。

二、实验内容

1. 对车灯反射镜零件采用分区变压边力进行充液拉深。
2. 设计多种压边力组合及毛坯形状搭配方案。
3. 测量并绘制拉深力-行程曲线、压边力-行程曲线、液压力-行程曲线。
4. 寻找最佳压边力与液压力组合。

三、实验所用的设备、工具和试件

实验设备：YP28-63/40 数控充液拉深液压机；数据采集系统一套。

实验模具：分区变压边力充液拉深模具 1 套，包括：凸模、凹模、四分区压边圈等，其中凸凹模间隙为 0.75mm。

实验工具：游标卡尺、钢尺、千分尺。

实验试件：材料 ST16；板料厚度 $\delta_0 = 0.6$mm，0.8mm。

四、实验方法和步骤

1. 备料：根据实验要求，获得毛坯外形基本尺寸，并裁减切边。
2. 测量坯料尺寸并做记录。
3. 根据实验方案，分别设定压边力和液压力。
4. 凸模、凹模工作表面擦净。
5. 将坯料置于凹模之中，摆正对中。
6. 应变仪各通道调零，根据电压信号大小设置衰减挡。由于仪器测量时存在不确定因素，因此每次实验均需调零。
7. 液压机滑块带动凸模和压边圈下行，完成充液拉深。
8. 取出试样，进行测量。

五、实验报告内容

实验报告应包括以下内容：实验名称；实验装置；实验温度；润滑剂；试件材料和尺寸；试件尺寸以及测定记录及计算结果等。绘制压边力-位移曲线、拉深力-位移曲线和液压力-位移曲线，对实验结果进行分析计算。将实验数据记录入表 1-6 中。

表 1-6　测定记录及计算结果

成形件	长　度		宽　度		高　度				名义拉深系数	外　观　描　述
	前	后	左	右	A	B	C	D		
实验 1										
实验 2										
实验 3										
实验 4										
实验 5										
实验 6										

第二章
聚合物复合材料成型性能综合实验

聚合物复合材料成型性能综合实验包括聚合物材料的改性、性能测试、成形工艺以及成形制件测试的一体化实验，体现了聚合物性能测试、聚合物制备以及加工成型的学科交叉。

聚合物复合材料成型综合实验共包括七个子实验，分别是：聚合物复合材料共混实验、聚合物复合材料热性能实验、聚合物复合材料结晶性能实验、聚合物复合材料注射成型实验、聚合物复合材料流动性能实验、聚合物复合材料力学性能实验以及聚合物复合材料动态机械性能实验。

1. 聚合物复合材料共混实验

通过熔融共混的方式实现聚合物复合材料的制备，分析不同工艺条件对聚合物复合材料制备的影响。该实验将采用转矩流变仪和平行双螺杆挤出机进行。

2. 聚合物复合材料热性能实验

通过热失重分析实验，检测聚合物材料的热稳定性。该实验将采用热重分析仪（TGA）设备进行。

3. 聚合物复合材料结晶性能实验

对聚合物材料的结晶性能采用偏光显微镜进行观测，分析不同工艺温度曲线对聚合物材料结晶性能的影响。该实验将采用带热台偏光显微镜进行。

4. 聚合物复合材料注射成型实验

采用注射成型机对聚合物复合材料进行注射成型实验，对注射成型过程的工艺参数进行分析，寻找最佳的工艺组合，并通过注射成形获得如拉伸等标准测试样条。该实验将采用注射成型机进行。

5. 聚合物复合材料流动性能实验

检测聚合物复合材料的流动特性，检测不同温度和剪切速率下，聚合物熔体的表观黏度。该实验将采用旋转流变仪进行。

6. 聚合物复合材料拉伸实验

采用万能材料试验机对材料的力学性能进行检测，进行聚合复合材料的拉伸实验。该实验将采用 Zwick 万能材料试验机进行。

7. 聚合物复合材料动态力学性能实验

采用动态热机械分析仪对聚合物材料的动态力学性能进行检测，分析聚合物复合材料的动态模量（储能模量、耗能模量和复合模量）和阻尼因子。该实验将采用动态热机械分析仪（DMA）进行。

通过聚合物复合材料成型综合实验的开发，可以形成一套从聚合物材料的改性、性能测试、成型和成型制件测试完整的一套体现学科交叉的实验项目。该综合实验项目还可以进一步扩展，增加新的实验子项目，并根据科研和教学需要使用不同类型的聚合物材料，锻炼学生的分析问题、解决问题的能力，提高动手和创新能力。

实验 2.1　聚合物复合材料共混实验

一、实验目的

利用混炼设备完成不同聚合物材料的共混改性，掌握积木式平行混炼型双螺杆挤出机以及转矩流变仪的基本结构组成；熟悉工艺参数对聚合物共混的影响；了解积木式平行混炼型双螺杆常用的组合形式；熟悉设备的使用方法和操作要点。

二、实验设备及材料

实验设备：平行双螺杆挤出机组、转矩流变仪、鼓风干燥箱、加料勺、台秤和天平等。

实验材料：由苯乙烯-丁二烯-苯乙烯共聚物（SBS）分子中丁二烯段不饱和双键经过选择加氢获得的热塑性弹性体 SEBS、白油、聚丙烯（PP）、抗氧剂 1010 等。

三、实验操作步骤

（一）双螺杆挤出机实验操作步骤及注意事项

1. 预混合　将 SEBS 和白油按照质量比 1∶1 预先混合，均匀混合后放置 24h 以上，使 SEBS 在白油中充分溶胀，得到 O-SEBS；将 O-SEBS、PP、抗氧剂 1010 等按照比例依次称取，放入高速混合机混合均匀，备用。

2. 开机前检查　开机前检查齿轮箱上油标，观看齿轮油是否不足，一般在油标中间为宜。检查软水水箱（注：冷却水）水位，一般不宜高出进水口。在冷却水槽中放入足够的冷却水。

3. 平行双螺杆挤出造粒机组开机前设置　打开电源，设定螺杆不同区域的温度，物料不同，所需温度不同。SEBS/PP 聚合物复合材料的螺杆温度范围为 175～200℃。按温度表上"∧"、"∨"键，可升高和降低设定温度。设定完毕，打开"水泵开关"，待温度到达设定温度 20～30min 后方可开机。将混合好的原料放入料斗中。

4. 开机　旋转"油泵开关"并确认油泵是否工作，油压一般在（0.1～0.2MPa）；起动切粒机开关（注：空切时，一般调至150～200r/min），起动吹干机；按下"主机启动"开关，检查"主机指示"绿灯是否灯亮，如绿灯已亮，表示主机已通电，然后按下"喂料启动"开关。右旋"主机给定"，其数值越大，表示转数越快。一般刚起动主机，在没有物料给定的情况下，主机转数在150～200r/min为宜。"主机给定"开关旋至3～4左右，接着旋转"喂料给定"开关（注：在旋转开关时，数值不宜太大，注意慢慢给定物料。同时观察主机电流表，电流控制在20A左右）。

5. 出料　观察物料从口模挤出时的状态，小心烫伤。待出料稳定后，将聚合物物料从冷却水中拉条，注意速度要合适，速度过快，容易断条，速度过慢则物料太粗，可能使切粒过程中出现卡机现象。拉聚合物条料通过吹干机，再将其塞入切粒机，调整"主机给定"开关与"喂料给定"开关，使切料速度和出料速度相匹配，在调整时，注意电流不宜超过30A，电流过高会使机器因过载变频器跳机。开机过程中，要始终注意机头压力表，一般在10MPa以下，若超过15MPa，这时应停机检查过滤网是否有堵塞现象，必要时更换过滤网。

6. 停机　待该批次物料制备完成，查看喂料料斗内是否还有物料。如已没有物料，先将"喂料给定"左旋复位到"0"。然后慢慢旋转"主机给定"。（注：观察电流及机头压力显示数值越小，料筒内物料越少）。依次按下"主机停止"与"喂料停止"、"吹干机开关"、"切粒机开关"。抽出螺杆，对料筒和螺杆进行清理。清理完成后，停止加热，关闭总电源。

7. 将获得的SEBS/PP聚合物复合材料颗粒在80℃下干燥8h，备用。

（二）转矩流变仪实验操作步骤

1. 准备工作

（1）了解转矩流变仪的工作原理、技术规格和安装、使用、清理的有关规定。

（2）根据实验需要，将所用的混合器与动力系统组装起来。

（3）接通动力电源和压缩空气，稳定电源在220V±10V。

（4）按式（2-1）计算加料量，并用天平准确称量。

$$W_1 = (V_1 - V_0)\rho\alpha \qquad (2-1)$$

式中，W_1 为加料量，g；V_1 为混合器容量，cm³；V_0 为转子体积，

cm^3；ρ 为原材料的固体体积或熔体密度，g/cm^3；α 为加工系数。

根据实践经验，XSS-300 转矩流变仪的物料总加料量为 48g 左右。

2. 开机操作

（1）开转矩流变仪电源等 30s 后，启动计算机打开流变仪控制软件。

（2）双击电脑桌面软件流变仪控制软件，进入流变仪操作界面，此时界面显示"设备已连接"绿灯闪亮。

（3）查看控制显示面上的"红字"栏显示的是否为流变仪所用装置，若否，可单击"装置设置"按钮，在弹出的对话框中查看"装置选择"栏，选择所用装置，单击"确认"退出。

3. 设定工艺参数

（1）设定加热段各区温度：分别单击第 1、2、3"设定值"按钮，再点击"启动加热"按钮，此时转矩流变仪开始加热。

（2）分别单击按钮"曲线设置"和"量程设置"，设定界面 Y 和 X 值的大小。

（3）单击"设置转速"，输入所需转速。

（4）输入"实验编号"（12 个字符；若字符全为数字，则实际记录的编号，停机后会自动加 1）。

（5）单击按钮"实验启动"，此时转子开始运转，当扭矩值到设定的预载时，开始记录曲线。

4. 混料实验

（1）点击"实验启动"转速转起后，显示转速达到设定值时，便可开始加料，加料前须把加料器放好，并拧紧螺丝栓，加料完后放下压杆压实。

（2）完成混料后，按停止"红色按钮"，取料前必须先摇起压杆，拧开螺丝栓，取下前板，取下中间体，取出 SEBS/PP 聚合物复合材料，再取下转子去除料。清理干净后安装。再做下一个料时，设置实验参数（若参数不变，可不必改变），重新填入编号，再次单击按钮"实验启动"式主机面板"绿色按钮"即可。

5. 实验结束

实验结束后，清理混合装置，退出软件后 10s 后再关闭转矩流变仪电源和计算机。

四、实验报告要求

实验报告应包括以下内容。

1. 列出实验用挤出机的技术参数。

2. 结合试样性能检验结果，分析聚合物复合材料性能与原料、工艺条件及实验设备操作的关系。

3. 分析影响挤出聚合物复合材料均匀性的主要原因有哪些，怎样影响？如何控制？

五、实验注意事项

1. 聚合物熔体被挤出之前，任何人不得在机头口模的正前方。挤出过程中，严防金属杂质、小工具等物料落入进料口中。

2. 清理设备时，只能使用铜棒、铜制刀等工具，切忌损坏螺杆和口模等处的光洁表面。

3. 挤出过程中，要密切注意工艺条件的稳定，不得任意改动。如果发现不正常现象，应立即停机，进行检查后再恢复实验。

4. 双螺杆挤出机总电源打开后，应先开机头部分预热 20min 后，再开机身 1～9 区温度加热 30～40min，同时打开内循环冷却水泵和外接换热器的冷却水阀。

5. 待各区温度升至所需的温度后（如温度偏低较大，由于控制系统联合保护，机器不能启动），再启动润滑体系；调整螺杆转速（变频电机以 Hz 计速度，最高速度不宜超过 45Hz）至 5～10Hz 左右，启动双螺杆（在不太清楚温度设置是否合适或加热是否充分的情况下，可先用手转动电机上的联轴器，感觉转动是否阻力较小），同时观察电流变化的情况，逐渐提速到 20～30Hz 左右，打开喂料开关，逐渐增大喂料量，同时注意电流、压力的变化，在物料从口模出来之前，加料速度一定不可过快，待物料从口模出来以后，再把螺杆转速提至 40Hz 左右，工作电流一般不超过满负载的 80%，必要时可开启真空装置。

6. 在双螺杆的操作过程中，双螺杆电机工作电流、机头压力超过设定的许可值时，控制系统会自动保护，设备停止运行。

7. 物料条经水槽、风冷、切粒加工；料条进入切粒机的温度一般在 50～70℃，在保证物粒料不连刀的情况下可使用稍高的温度，这样可以保护刀的刃口。

六、思考题

1. 平行混炼型双螺杆挤出机通常可以对哪些种类的聚合物材料进行共混改性，举例说明之。

2. 哪些因素将影响聚合物的流变性质？

3. 测试物料及实验过程如何保证实验结果的可靠性。

实验 2.2 聚合物复合材料热性能实验

一、实验目的

了解热重分析仪的基本结构原理及测试范围，熟悉仪器的使用方法和应用领域；掌握热失重曲线的分析方法。

二、实验原理

热分析技术是表征材料的性质与温度关系的一组技术，它在定性、定量表征材料的热性能、物理性能、机械性能以及稳定性等方面有着广泛地应用，对于材料的研究开发和生产中的质量控制都具有很重要的实际意义。热重分析法（TGA）是应用最广泛的热分析技术之一。

TGA 是在过程控制下，测量物质的质量与温度的关系的一种技术。许多物质在加热过程中常伴随质量的变化，这种变化过程有助于研究晶体性质的变化，如熔化、蒸发、升华和吸附等物质的物理现象；也有助于研究物质的脱水、解离、氧化、还原等物质的化学现象。

三、实验仪器及试样

实验仪器：热分析仪 PE Pyris，如图 2-1 所示。

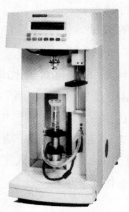

图 2-1　热分析仪 PE Pyris

实验材料：少量 PP、SEBS/PP 聚合物颗粒料。

四、实验主要操作步骤

1. 在开机前首先打开动力气和天平气，并调节到要求的流速。

2. 然后按下面的顺序打开系统：计算机—分析仪。

3. 运行 Pyris 软件，然后按下连接设备的按钮，等待每个设备的绿灯都亮起。

4. 挂起样品盘，将加热炉升起，待重量读数稳定后，按下"Zero"键去除样品盘的皮重。

5. 降下加热炉，在支架的保护下取下样品盘，放入少量样品，再将样品盘放回原处。

注意：当取下或放回样品盘时，必须使用支架对样品盘进行保护。由于 Pyris 1 的天平非常敏感易损，禁止在没有支架的保护下取下或放回样品盘。

6. 软件操作

（1）从"File"中打开适当的操作程序（每个程序可以根据特殊的要求进行修改）。

（2）打开"Sample Info"栏，填写"Sample ID"、"Operator ID"、"Comment"、"File Name"，同时检查初始状态栏并输入正确的系统参数，确定所需的升温曲线。

（3）装入样品盘，升起加热炉。

（4）输入初始温度，然后点击"Go to temperature"键。当温度升至设定的初始温度后，点击"Sample weight"键称量样品重量，再点击"Start/Stop"键，系统进入自动运行状态。

（5）等待系统完成全部的测试。

（6）激活运行窗口。

（7）失重百分比　计算样品的失重百分比时，将图中的 x 轴设为温度（或者可以从"Display"菜单中选"Rescale X"，再设定温度值来改变 x 轴的单位）y 轴设为质量百分比（从"Curves"中选择"Weight"，有时需要使用"Rescale Tools"中的"Swap Y Axes"功能将重量显示在左侧的 x 轴上）。从"Calc"菜单中选择"delta Y"，输入工作单上所要求的温度，点击"Calculate"，将结果记录在工作单上。

7. 保存数据。

8. 关闭软件，关闭 TGA 设备。

五、TGA 测量要点

1. 试样要求

TGA 的实验材料一般并不需要特别处理，用量在 2～15mg 不等。由于热分析是与传热、传质相关的试验手段，因此少量的试样有利于气体反应物的挥发和试样内部的温度均衡，可降低样品温度梯度，降低试样温度和环境温度的偏差。样品最好以扁平的形式放入样品仓中，这样温度滞后的影响最小。对粉料，TGA 试验时粒度应小。试验时的升降温速率、气氛的流量（样品所受的气氛，不是保护气氛）及种类对试验结果会有很大的影响。

2. 温度程序

聚合物材料通常的升降温速率为 10～20℃/min。程序温度是影响测量结果的最重要因素。若试样发生某种反应，提高升温速率意味着反应尚未及时进行，便进入更高的温度以更快的速度进行并造成反应滞后，因此会使反应的起始温度、终止温度增高。对于多阶段的反应，降低升温速率有利于将各阶段的反应分开。在热分析试验时，应选择合适的升温速率，并遵从各种试验标准。

3. 气体气氛

由于实验温度较高，TGA 在实验时必须有保护气体保护高温的炉体，一般用高纯氮气。样品仓中的气氛则按照实验要求和安全要求选择。通常，惰性气氛用氮气，活性气氛用氧气。所有的气体纯度均要高于 99.9%。气流速率与仪器的结构有关，不同仪器要求的样品仓吹扫气体流量不一样。因为不同气体的密度是有差异的，换用其他气体时，必须将流量换算。

4. 图谱分析和应用

TGA 的实验完成后，即可对实验进行分析，包括分析范围的取舍、曲线光滑、计算导数曲线（一阶和二阶）、转变点的计算、质量损失、各点对应关系等。

5. 设备的维护

遵守实验室的规定，TGA 试验时严格防震。若长时间不用，再次使用时，注意校验，可将 TGA 加热到 900℃，保温 0.5h，目的是干燥样品仓。

六、实验报告要求

实验报告应包括以下内容：实验基本原理及实验目的；报告实验所用原

料及操作过程；绘制聚合物材料的热失重曲线；对实验结果进行分析讨论。

七、实验注意事项

1. 测试环境。请务必保持 TGA 主机的稳定性，测试前后不要受到震动，任何微小的震动，带来的是曲线上的"地震"。

2. 样品质量在满足测试的条件应尽量小。样品量影响到传热，做聚合物材料的测试，建议根据试样情况，在 2～20mg 之间比较好。

3. 编辑合适的测试程序。加温速度快，导致结果偏大，速度过慢，测试时间长。如果需要对升温过程失重详细了解，建议选择动态加热程序（测试时间长）。

八、思考题

1. 为什么用慢的升温速度所得的结果比较准确？
2. 热重分析仪的主要应用有哪些？

实验 2.3　聚合物复合材料结晶性能实验

一、实验目的

了解和掌握偏光显微镜的原理和使用方法；掌握聚合物球晶在偏光和非偏光条件下的显微镜观察；了解影响聚合物球晶尺寸的因素。

二、实验原理

物质发出的光波具有一切可能的振动方向，且各方向振动矢量的大小相等，称为自然光。当矢量固定在一个固定的平面内只沿一个固定方向作振动时，这种光称为偏振光。偏振光的光矢量振动方向和传播方向所构成的面称为振动面。

自然光通过偏振棱镜或人造偏振片可获得偏振光。利用偏光原理，可对某些物质具有的偏光性进行观察的显微镜，就称为偏光显微镜。

三、实验内容

用偏光显微镜研究聚合物的结晶形态是目前较为简便而直观的方法。偏光显微镜的成像原理与常规金相显微镜基本相似，所不同的是在光路中插入两个偏光镜。一个在载物台下方，称为下偏光镜，用来产生偏光，故又称起偏镜；另一个在载物台上方的镜筒内，称为上偏光镜，它被用来检查偏光的存在，故又称检偏镜。凡装有两个偏光镜，而且使偏振光振动方向互相垂直的一对偏光镜称为正交偏光镜。起偏镜的作用使入射光分解成振动方向互相垂直的两条线偏振光，其中一条被全反射，另一条则入射。正交偏光镜间无样品或有各向同性（立方晶体）的样品时，视域完全黑暗。当有各向异性样品时，光波入射时发生双折射，再通过偏振光的相互干涉获得结晶物的衬度。聚合物的结晶过程是聚合物大分子链以三维长程有序排列的过程。聚合物可出现不同的结晶形态，如球晶、串晶、树枝晶等。当结晶的聚合物具有各向异性的光学性质，就可用偏光显微镜观察其结晶形态。聚合物的球晶在非偏光条件下观察为圆形，而在正交偏光下却并不呈完整的圆形，而是四叶瓣的多边形，即中间有十字消光架，这些都是由于正交偏光及球晶的生长特性所决定的。

本实验将观察 PP 和 SEBS/PP 复合材料的结晶形态。

四、实验仪器及试样

实验设备：带热台偏光显微镜 1 套，即 XPR-300 偏光显微镜和带热台 XPR-300 熔点测定仪。

实验器材：载玻片、盖玻片若干；隔热玻璃片 1 片；切刀 1 把；镊子 1 个。

实验材料：少量 PP、SEBS/PP 聚合物颗粒料。

五、实验步骤

1. 熔点测定：从颗料上切取少许材料，放在载玻片上，盖上盖玻片，放在热台上，升温，材料软化后，用镊子轻压盖玻片，使材料形成薄膜试样。继续升温，观察，记录下视场完全变暗时的温度，即熔点温度。

2. 选择聚合物颗粒，如上述方法先制成薄膜试样。加热到试样熔点以上，以某一速率降温或迅速降至某一结晶温度下，观察晶核形成与球晶直径随时间的变化情况。改变降温速率或结晶温度，观察并记录球晶生长速率，测量球晶最终尺寸。

六、实验注意事项

1. 在使用显微镜时，任何情况下都不得用手或硬物触及镜头，更不允许对显微镜的任何部分进行拆卸。镜头上有污物时，可用镜头纸小心擦拭，但须经实验指导老师同意。

2. 用显微镜观察时，物镜与试片间的距离，可先后用粗调/细调旋钮调节，直至聚焦清晰为止。防止镜头触碰盖玻片。

3. 试样在加热台上加热时，要随时仔细观察温度和试样形貌变化，避免温度过高引起试样分解。

4. 不同过冷度下的球晶大小的观测。

七、实验报告要求

实验报告应包括以下内容。

1. 实验日期、实验名称、实验目的与方法概述。

2. 实验结果与讨论

（1）比较非偏光和正交偏光条件下 PP 以及 SEBS/PP 复合材料的结晶形态。

（2）冷却速率或结晶温度对球晶大小与球晶生长速率的影响如何，说明原因。

（3）为什么球晶在偏光显微镜下呈黑十字花样？

实验 2.4 聚合物复合材料注射成型实验

一、实验目的

了解注射成型实验设备的基本结构、动作原理和使用方法；学习观察聚合物材料注射加工过程，弄清注射周期各步骤状况，包括：预塑、注射、保压、冷却、开模、推出、取件、合模；熟悉制备试样的操作要点，掌握工艺因素、试验设备与注射成型制品的关系。

二、实验原理

热塑性聚合物材料在注射机料筒内，受到机械剪切力、摩擦热及外部加热的作用，塑化熔融为流动状态，以较高的压力和较快的速度流经喷嘴注射入温度较低的闭合模具内，经过一定时间冷却后，开启模具，即得到聚合物制品。在注射成型时，聚合物除在热、力、水、氧等作用下，引起聚合物材料的化学变化外，主要是经历一个物理变化过程。聚合物的流变性、热性能、结晶行为、定向作用等因素，对注射工艺条件及制品性能都产生很大的影响。

三、原料及主要仪器设备

实验设备：EC40 注射成型机，如图 2-2 所示；抽拉式标准试样模具（哑铃型，按照标准 GB 1040—79），如图 2-3 所示；托盘等。

图 2-2 EC40 注射成型机

图 2-3 抽拉式标准试样模具

实验材料：PP、SEBS/PP 颗粒料。

四、实验步骤

1. 开机准备

按操作规程做好注射成型实验设备的检查、维护工作。将原料干燥好，备用。

2. 开机

打开电源，用"装模操作"的方式，安装好标准试样模具，进行模具开合模以及顶出等设置，观察模具与注射成型机关系。

3. 温度设定

在注射机上按照聚合物材料的熔融温度，设定料筒和喷嘴温度，当温度指示值达到实验条件时，再恒温 10～20min，进行对空注射，如从喷嘴流出的料条光滑明亮，无变色、银丝、气泡，说明料筒温度和喷嘴温度比较合适，即可按拟定的实验条件用半自动操作方式制备试样。若调整料筒温度也应有适当的恒温时间。

4. 工艺参数设定

设定温度、注射压力、背压、注射速度、保压等工艺参数。熔体能否充满模腔与注射压力、注射速度、料温密切相关。注射压力使熔体克服料筒、喷嘴、浇注系统流道，模腔等处流动阻力，以一定的充模速度注射模腔，一经注满，模腔等处的压力即会迅速增大到最大值，而充模速率迅速下降，熔料受到压实。在其他工艺条件不变时，注射压力过高，则熔料在模腔内充填过量；注射压力过低，则熔料充模不足，在制品外观质量和内在性能上都有相应影响。

注射模腔的熔料，由于冷却作用，物料产生收缩，为此需对熔料保持一定的压力使之继续流入进行补缩、增密。这时，螺杆作用面的压力为保压压力。保压时螺杆位置将会少许前移。保压程序中主要控制的工艺条件是保压压力和保压时间。它们对于提高制品密度、稳定制品形状、改善制品质量均有关系。保压压力可以等于或低于注射压力。

确定注射压力、注射速度大小时，需考虑原料、制品、模具、注射机以及其他工艺条件等情况，参考经验数据，分析成形过程及制品外观，通过实际成型检验，最终确定。

5. 冷却和推出

保压完成后，模腔内的聚合物还需要一段时间来与模具进行热交换冷却定型。该段冷却时间的长短与聚合物的结晶性能、状态转变温度、制品厚度、刚性、模具冷却效率、模温等有关。在保证制品质量的前提下，为获得良好的设备效率和劳动效率，要尽量减少冷却时间和其他程序的时间，以求缩短成形周期。影响冷却过程的重要因素，除了冷却时间外，还有模温度控制。提高模温度不仅有助于保持熔体温度，便于溶体流动，对充模有益，而且可以调整聚合物的冷却速度，使之均匀一致。模具温度还利于松弛分子取向，减少壁厚或流程长、形状复杂的制品因补缩不足、收缩不均、内应力高引起的弊病。但是，模温高与缩短冷却时间又是相矛盾的。对于结晶性聚合物，模温直接影响其结晶度和晶体构型。聚合物在模腔内冷却定形的温度上限视成型聚合物的玻璃化温度或热变形温度确定。

成型完成后由注射成型机的顶出机构将试样制件从模具中推出，完成注射成型。

6. 制备试样

制备每一组试样时，一定要在基本稳定的工艺条件下重复进行，必须至少舍去 5 模后，才能开始取样，若某一工艺条件有变动，则该组已制备的试样作废，所选取的试样在去除流道赘物时，不得损伤试样本身。试样数量按测试需要而定。

试样外观质量应符合聚合物实验方法 GB 1039—79 或按本实验提出的条件进行。

五、实验数据处理

将实验数据记录在表 2-1 中。

表 2-1　试验记录表

指标 ＼ 数值	A 组	B 组	C 组
原料名称、牌号			
料筒温度/℃ 　　后段 　　中段 　　前段			
喷嘴温度/℃			
物料温度/℃			
成型压力/(kg/cm²)			
注射时间/s			

指标 　　　　　数值	A 组	B 组	C 组
螺杆转速/(r/min)			
注射保压时间/s			
冷却时间/s			
成形周期/s			

六、实验注意事项

1. 所有按钮操作前，均需关上机器两侧的安全门。

2. 在闭合动模、定模时，应保证模具方位的整体一致性，避免错位和损伤。

3. 安装模具的螺栓、压板、垫铁应适当牢靠。

4. 禁止料筒温度在未达到规定要求时进行预塑（储料）或注射（射出）动作，手动操作方式在注射-保压时间未结束时不得开动预塑（储料）。

5. 主机运转时，严禁手臂及工具等硬质制品进入料斗内。

6. 喷嘴阻塞时，禁用增压的办法清除阻塞物。

7. 不得用硬金属工具接触模具型腔，必要时可用软质金属（如铜棒、铜刀）材料清理模具内表面。

8. 严禁人体触动有关电器，使设备出现意外动作，造成设备人身事故。

七、实验报告要求

实验报告应包括以下内容：实验材料；实验操作过程；列出不同材料注射成形的实验工艺参数，并填写表 2-1；对实验结果进行分析讨论；回答思考题。

八、思考题

1. 提出试验方案的料筒温度、注射压力、注射-保压时间的时候，应考虑哪些问题？

2. 分析试样性能与原料，工艺条件及实验设备的关系。

3. 导致试样产生缺料、溢料、凹痕、气泡的因素有哪些？

实验 2.5 聚合物复合材料流动性能实验

一、实验目的

了解旋转流变仪的基本结构原理及测试范围和应用领域；学习采用旋转流变仪检测聚合物材料的流变性能；熟悉设备的使用方法和操作要点。

二、实验原理

大多数的聚合物熔体其黏度随着剪切速率的增加而减小，即剪切变稀，这是因为聚合物在流动时各液层间总存在一定的速度梯度，细而长的大分子若同时穿过几个流速不等的液层时，同一个大分子的各个部分就要以不同速度前进，这种情况显然不能持久，因此，在流动时，每个长链分子总是力图使自己全部进入同一流速的流层。不同流速液层的平行分布就导致了大分子在流动方向上的取向。聚合物在流动过程中随着剪切速率或剪切应力的增加，由于分子的取向使黏度降低。聚苯乙烯（PS）熔体的流变曲线如图 2-4 所示。

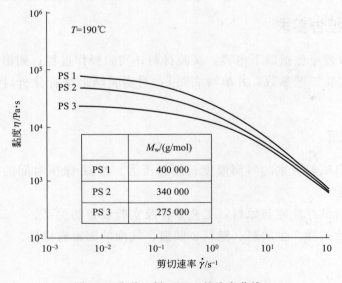

图 2-4 聚苯乙烯（PS）的流变曲线

三、实验设备及原料

实验仪器：旋转流变仪哈克 MARS Ⅲ，如图 2-5 所示。

图 2-5　旋转流变仪

实验器材：防高温手套、剪刀、镊子、转子、底盘、密封袋等。

实验材料：PP、SEBS/PP 的圆盘状试样（厚 2mm，直径＞20mm）、酒精等。

四、实验操作步骤

1. 准备工作

（1）了解转旋转流变仪的工作原理、技术规格和安装、使用、清理的有关规定。

（2）将注射成形好的 PP、SEBS/PP 样条（2mm 厚）修剪成 φ20mm 的圆片，准备好 3～4 个这样的圆片，备用。

2. 开机操作

（1）首先开启空压机电源开关，等待压缩机马达停机后，检查出口减压阀压力表指示，正常工作压力设定在 1.8bar(1bar＝0.1MPa)。

（2）检查电源、流变仪与控温设备、电脑等的连接正常。

（3）开启冷却恒温循环器的电源。

（4）打开 MARS Ⅲ 控制箱背部的电源开关，等待流变仪自动完成自检和初始化后进入正常工作状态（仪器前下方的液晶面板显示以上过程，最终显示自动识别的温度控制单元和测量头间距）。

3. 软件操作

（1）在电脑显示屏上双击"RheoWin 4 Job Manager"软件的快捷图标启动测量程序，打开"file→new job→create new"。

（2）选择工作界面中的"Measuring geometry"，选择对应的转子和底盘（可选择可抛弃型，如PP20H Disposal）。

（3）将左边"General"中的"lift control"图标拖入右边的工作界面。然后双击进行编辑（将"Go to measurement position"勾选√；点击"Speed"，如设置成1.25/min；设置"Trimming position"，如设置成0.2000mm；勾选"Prompt message when finished"）。

（4）为了使温度更加稳定和准确，也可以将温度设置图标 "Temperature setting"拖入右边工作界面进行编辑（T℃，电加热装置温度范围可在−40～400℃）；"Until deviation"可选择<±0.01℃；"Mode"可选择CR。

（5）拖入 "CS/CR-Rotation Ramp"图标进行编辑（模式"Mode"选择控制速率模式"CR"；剪切速率，输入开始"Start"和结束"End"剪切速率的范围10^{-8}～1500r/min，"Duration"输入持续多长时间；点击"Acquisition"编辑数据"Data"；点温度"Temperature"输入实验时的温度）；拖入"Show data window"。

（6）装上转子和底盘，温度设置"set T℃"。例如：输入180℃，点击温度"T"。

（7）点击"go to gap"，上盘会下移，等到两盘快要接触的时候点击停止"stop"，等到温度达到设定值时，点击调零"Zeropiont"，系统自动调零。

4. 实验测定

（1）等自动调零后，点击"Lift apart"，升起测量头，将适量被测样品放置在下板中心部位，点击测量开始"Start"，测量头自动下降到刮边位置处开始测量；测量结束后，给实验结果命名并保存。

（2）打开RheoWin软件中的数据处理"Data Manager"程序，打开已保存的测量结果文件，进行数据分析和处理，该数据处理步骤也可在测量工作结束以后进行。

（3）升起测量头，用铜铲和铜刷清除样品。若需继续进行测试，请重新装样并从第（6）步开始。

5. 关机操作

退出 RheoWin 4 软件，先关闭 MARS Ⅲ 控制箱及恒温循环器，最后关闭空压机。

五、实验报告要求

实验报告应包括以下内容：列出实验中旋转流变仪的所用的软件和参数；写出旋转流变仪测试聚合物流变性的原理及测试时的实验条件；写出实验基本原理及实验目的；报告实验所用原料及操作过程；绘制聚合物材料的流变曲线；对实验结果进行分析讨论。

六、实验注意事项

1. 正常工作压力设定在 1.8bar，压力绝对不能超过 4bar，否则将永久破坏流变仪测量头内的关键部件，即空气轴承。

2. 开启冷却恒温循环器的电源。注意：制冷单元有独立的电源开关，仪器使用完毕后，切记关闭此开关！

3. 必须到达设定温度后再进行调零。

4. 温度较高，一定戴手套、穿工作服操作以免伤到自己。

5. 保持仪器和测量转子以及下板的清洁。

七、思考题

1. 利用旋转流变仪测试时，为什么要等到温度上升到所测试的温度稳定时再进行调零？

2. 哪些因素将影响聚合物的流变性质？

3. 旋转流变仪的主要应用有哪些？

一、实验目的

聚合物的拉伸强度是聚合物作为结构材料使用的重要指标之一，通常以材料被拉伸断裂前所承受的最大应力来衡量，它是用规定的实验温度、湿度和作用力速度在试样的两端施以拉力将试样拉至断裂时所需负荷力来测定的，此法还可测定材料的断裂伸长率和弹性模量。影响拉伸强度的因素除材料的结构和试样的形状外，测定时所用温度和拉伸速率也是十分重要的因素。

本实验是对聚合物试样施加静态拉伸负荷，以测定拉伸强度、断裂伸长率及弹性模量。实验标准参考 GB 1040—79。

二、试样及实验环境

1. 试样形状及尺寸

聚合物拉伸的四种类型的试样，其形状及尺寸如图 2-6～图 2-9 所示，其尺寸分别如表 2-2～表 2-5 所示。不同类型试样所适合的材料不同，如表 2-6 所示。

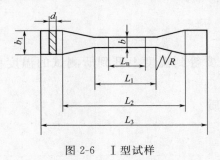

图 2-6　Ⅰ型试样　　　　　　　图 2-7　Ⅱ型试样

表 2-2　Ⅰ型试样尺寸

符号	名　　称	尺寸/mm	公差/mm	符号	名　　称	尺寸/mm	公差/mm
L_3	总长(最小)	150	—	b	中间部分宽度	20	±0.2
L_2	夹具间距离	115	±5.0	d	厚度	见表 2-10	—
L_1	平行部分长度	60	±0.5	b_1	端部宽度	10	±0.2
L_0	标距(有效部分)	50	±0.5	R	半径(最小)	60	—

表 2-3　Ⅱ型试样尺寸

符号	名　称	尺寸/mm	公差/mm	符号	名　称	尺寸/mm	公差/mm
L_3	总长（最小）	115	—	d	厚度	见表2-10	—
L_2	夹具间距离	80	±5	b	中间平行部分宽度	6	±0.2
L_1	中间平行部分长度	33	±2	R	小半径	14	±1
L_0	标距（或有效部分）	25	±1	R_1	大半径	25	±2
b_1	端部宽度	25	±1				

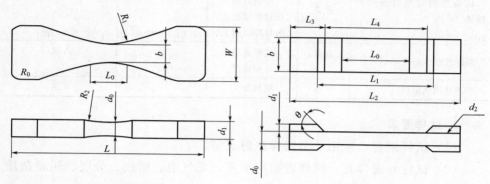

图 2-8　Ⅲ型试样　　　　　　　　　图 2-9　Ⅳ型试样

表 2-4　Ⅲ型试样尺寸

符号	名　称	尺寸/mm	符号	名　称	尺寸/mm
L	总长	250	b	中间平行部分宽度	25
L_0	中间平行部分长度	170	R_0	端部半径	6.5
d_0	中间平行部分厚度	3.2	R_1	表面半径	75
d_1	端部厚度	6.5	R_2	侧面半径	75
W	端部宽度	45			

表 2-5　Ⅳ型试样尺寸

符号	名　称	尺寸/mm	公差/mm	符号	名　称	尺寸/mm	公差/mm
L_2	总长（最小）	250	—	L_4	加强片间长度	150	±5
L_1	夹具间距离	170	±5	d_0	厚度	见正文	—
L_0	标距（或有效部分）	100	±0.5	d_1	加强片厚度	3～10	—
B	宽度	25 或 50	±0.5	θ	加强片角度	5°～30°	—
L_3	加强片最小长度	50	—	d_2	加强片		

表 2-6　不同类型试样所适合的材料

实验材料	试样类型	试样制备方法	试样最佳厚度/mm	实验速度
硬质热塑性塑料 热塑性增强塑料	Ⅰ型	注塑成型 压制成型	4	A速、B速
硬质热塑性塑料板 热固性塑料板（包括层压板）		机械加工	4	A速、B速
软质热塑性塑料及软质板材	Ⅱ型	注塑成型 压制成型 板材机械加工 板材冲切加工	2	B速、C速
热固性塑性塑料	Ⅲ型	注塑成型 压制成型	—	A速
热固性增强塑料	Ⅳ型	机械加工	—	A速

2. 试样要求

（1）试样制备：采用Ⅱ型试样注射成型。

（2）试样外观检查：试样表面应平整，无气泡、裂纹、分层、明显杂质和加工损伤等缺陷。

（3）每组试样不少于5个。

三、实验条件

1. 试样环境

热塑性塑料为 $25℃ \pm 2℃$；热固性塑料为 $25℃ \pm 5℃$；相对湿度为 $65\% \pm 5\%$。

2. 试验速度（空载）

A：(10 ± 5)mm/min；B：(50 ± 5)mm/min；C：(100 ± 10)mm/min 或 (250 ± 50)mm/min。以 100mm/min 的速度试验，当相对伸长率＜100 时，用 (100 ± 10)mm/min。相对伸长率＞100 时，用 (250 ± 50)mm/min。测定模量时，速度为 $1 \sim 5$mm/min，测变形准确至 0.01mm。

四、实验设备及试样

实验设备：Zwick 2.5kN 万能材料试验机，拉伸夹具；游标卡尺等。

实验试样：材料 PP、SEBS/PP；拉伸试样（Ⅱ型）。

五、实验步骤

1. 试样预处理：挑选出注射出的拉伸试样，去除浇口，将试样静置一段时间后备用。

2. 测量模塑试样的材板试样的宽度和厚度准确至 0.05mm，片材厚度准确至 0.001mm，每个试样在标距内测量三点，取算术平均值。

3. Zwick 2.5kN 万能材料试验机开机操作

（1）打开主机电源，静候数秒，以待机器系统检测。

（2）打开 TestXpert Ⅱ 测试软件，选取拉伸测试程序，编辑测试程序，按照标准设置拉伸速率等。

（3）按主机"ON"按钮，以使主机与程序相连。

（4）顺利后，点击"起始位置"图标以使夹具恢复到设定值。

4. 试样装载

（1）用游标卡尺测量试样尺寸，并输入。

（2）用夹具夹持试样上端，保证垂直性。夹持试样，使试样纵轴与上、下夹具中心连线相重合，并且要松紧适宜，以防止试样滑脱或断在夹具内。测伸长率时，应在试样平行部分作标线，此标线对测试结果不应有影响。

（3）点击"力清零"图标，以使力值清零。

（4）用夹具夹持试样另一端。

5. 拉伸实验及数据处理

（1）点击"Start"图标，开始测试。

（2）测试进行到预载达到后，夹持引伸计臂。

（3）试验继续。

（4）试样断裂后，张开引伸计臂（张开臂的时间可自行设置）。

（5）程序自动计算测试结果并做出图表。

（6）取出试样。

（7）点击"起始位置"图标以使夹具恢复到设定位置（或自动恢复到设定值），开始下一次测试。

（8）保存测试结果文件，另存为"＊.zs2"格式的文件。

6. 关机操作

首先退出程序，关闭试验机上的电源，关闭计算机，清理工作台。

注意事项：读取负荷值和拉长值，若试样断裂在非有效部分时，该试样作废，另行取样重做。

六、试验数据及结果的计算

1. 拉伸强度

$$\sigma_i = \frac{p}{bd} \qquad (2\text{-}2)$$

式中，σ_i 为拉伸强度或拉伸断裂应力、拉伸屈服应力，MPa；p 为最大负荷或断裂负荷、屈服负荷，N；b 为试样宽度，mm；d 为试样厚度，mm。

2. 断裂伸长率

$$\varepsilon_t = \frac{L - L_0}{L_0} \times 100\% \qquad (2\text{-}3)$$

式中，ε_t 为断裂伸长率，%；L_0 为试样原始标线距离，mm；L 为试样断裂时标线距离，mm。

3. 作应力-应变曲线，从曲线的初始直线部分，按下式计算弹性模量

$$E_x = \frac{\sigma}{\varepsilon} \qquad (2\text{-}4)$$

式中，E_x 为拉伸弹性模量，MPa 或 N/mm^2；σ 为应力，MPa 或 N/mm^2；ε 为应变，%。

实验数据记录于表 2-7 内。试样原始标线距离为 L_0。

表 2-7　试验数据记录及处理表

项目 编号	试样宽度 /cm	试样厚度 /cm	断裂负荷 /kg	试样断裂 时标线间 距离/cm	拉伸强度 /(kgf/cm^2)	断裂伸 长率 /%
1						
2						
3						
4						
5						

注：1kgf/cm^2＝98.0665kPa。

七、思考题

1. 试考虑实验温度、湿度及拉伸速率对试样的 σ_t、ε_t 有何影响？

2. 分析试样断裂在标线外的原因。

聚合物复合材料动态力学性能实验

一、实验目的

了解动态热机械分析仪的基本结构原理及测试范围，熟悉仪器的使用方法和应用领域，特别是掌握采用动态热机械分析仪测试聚合物材料玻璃化转变温度的方法。

二、实验原理

动态热机械分析仪（DMA）是指在程序温度控制下测量样品在承受动态负荷（正弦应力）时模量和力学阻尼随温度和频率变化的仪器。DMA 可以研究样品的动态模量（储存模量、损耗模量和复合模量）和阻尼因子，应用于聚合物的固化、交联、结晶、玻璃化转变、热稳定性、聚合、老化、相容性以及复合材料的动态力学性能等领域。DMA 仪器最大的用途在于测定材料的玻璃化转变温度（T_g），一般采用单一频率（通常设定为 1 Hz），以单悬臂弯曲模式，温度扫描的方法进行测试。根据测试对象的不同，动态热机械分析有 6 种常见的测试方式：单悬臂、双悬臂、拉伸、压缩、剪切、三点弯曲等。

三、实验仪器及试样

实验仪器：Pekin/Elmer DMA8000 型动态热机械分析仪，如图 2-10 所示。

实验试样：剪取 2mm 厚 PP、SEBS/PP 拉伸样条的中间段备用。

四、实验主要操作步骤

1. 制备样品

测试前，需要大致了解样品的物理化学性能。

2. 采用游标卡尺量取样品条的长、宽、厚。

3. 在单悬臂测试模式下装载夹具，轻旋螺帽，以防使中间悬梁受到压力扭曲，损坏仪器。

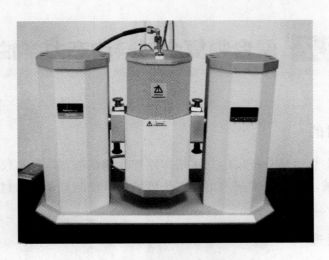

图 2-10　DMA 动态热机械分析仪

4. 打开仪器电源和电脑开关，同时启动应用程序"DMA Control Software"。

5. 勾选"Standard Air Oven（标准空气炉）"选项。

6. 进入主控软件界面，如图 2-11 所示。

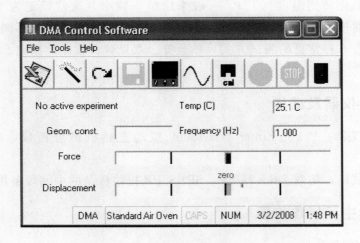

图 2-11　主控软件界面

7. 仪器校正：点击校零图标 ▦ 。

8. 装样　装样时，样品要放平，千万不能接触热电偶，以免损坏仪器。

9. 在时间/温度扫描模式下设定测试参数，如表 2-8 所示。

表 2-8　参数设置

参　数	数　值	参　数	数　值
频率	1Hz	结束温度	180℃
动态位移振幅	50μm	速率	10℃/min

10. 样品尺寸选择，输入上述样品的长、宽、厚数值，输入界面如图 2-12 所示。

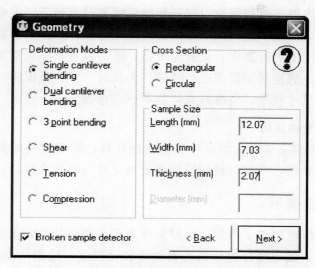

图 2-12　样品尺寸输入界面

11. 选择 "Start"，开始样品测试，等待系统完成全部的测试。

12. 数据保存、关闭软件及关机

五、DMA 测试要点

1. 样品的选择

DMA 的实验材料一般以方条状或圆柱状为宜。样品的均一性越好，受力越均匀，测试数据的精确度越高。样品的熔融或软化点或分解温度应该低于仪器测试最高限温度 5～10℃，以免样品污染仪器。

2. 范围的选择

结束温度默认值可设置为熔融温度以下，如对于 PP，可设置结束温度默认值为 180℃，这样可以保证样品不发生过度分解的前提下满足绝大多数常规聚合物次级转变温度的测试要求。当需要考察部分结晶聚合物材料的玻璃化转变温度（T_g）与熔点（T_m）之间的高弹区域时，应该将结束温度值

设为大于 180℃（最大为 400℃）。针对弹性体材料的动力学测试实验一般应该将结束温度定于 100℃。DMA8000 仪器默认以室温为升降温过程的起始温度。仪器可以设置成仅采集升温过程或降温过程的数据，也可以采集升降温过程的数据。

3. 对于低于室温的操作需要使用自动冷却系统

可以使用程序温度控制面板进行快速升降温至起始温度的操作。样品测试前，可在程序温度控制面板中设置起始温度和升温速率。可根据需要选择在升降温过程之前或者达到测试起始温度时进行装样操作，注意：如果要在较高或较低温度下进行装样，应避免烫伤、冻伤或者损坏仪器驱动轴。该控制面板便于快速到达起始温度进行装样，尤其对于一些低温实验，较低的温度会造成样品尺寸收缩，最终造成样品不能完全固定。

4. 图谱分析和应用

DMA 的实验完成后，即可对实验进行分析，确定合适的曲线范围，对曲线进行光滑处理，获得材料的模量和玻璃化转变温度曲线。

六、实验报告要求

实验报告应包括以下内容：实验基本原理及实验目的；报告实验所用原料及操作过程；确定聚合物材料的玻璃化转变温度；绘制动态黏弹性曲线；对实验结果进行分析讨论。

七、思考题

1. 动态热机械分析仪的主要应用有哪些？

2. DMA8000 有哪几种测试模式？

3. 影响玻璃化转变温度的因素有哪些，测试时应该注意哪些事项？

第三章

粉体材料成形性能综合实验

        粉体材料成形性能综合实验是实现从粉体材料的制备、性能测试、烧结成形及成形的性能测试完整的体现学科交叉的实验项目。用新方法制备新材料，并采用先进的材料测试和分析手段对粉体材料和块体材料进行分析，体会粉体材料的制备及性能的实质，感受材料无论在宏观还是微观方面的千变万化，激发学生对材料研究的热情。

        该综合实验共包括七个子实验，分别为：粉体制备实验（球磨机）；粉体形貌分析实验（扫描电镜）；粉体粒度分析实验（激光粒度仪）；纳米粉体三维形貌分析实验（扫描探针显微镜）；粉体红外光谱分析实验（傅里叶红外光谱仪）；粉体热压烧结实验（热压烧结炉）；粉末烧结性能测试实验。本综合实验的流程如图 3-1 所示。

1. 粉体制备实验

        采用球磨法制备陶瓷粉体。球磨是粉体制备的一种方法，是将粉体与球磨介质（也称为磨球）装入专用的球磨筒（罐）中，在球磨机上使球磨筒以一定转速（低于临界转速）转动，依靠磨球的冲击、磨剥作用，对粉体颗粒产生粉碎作用。转速、球磨时间、粉-球比例、磨球尺寸、机配、形状和种类都会影响球磨效果。球磨后材料的形貌可以进行下一步的分析，并用于热压、烧结等实验。

2. 粉体性能分析实验

        粉体材料的形貌是粉体材料分析的重要组成部分，材料的很多重要

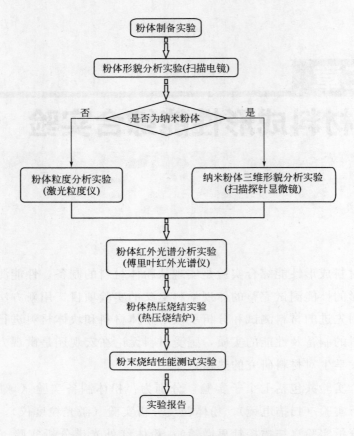

图 3-1　粉体材料成形性能综合实验流程

物理化学性能是由其形貌特征所决定的。例如，颗粒状纳米材料与纳米线和纳米管的物理化学性能有很大的差异。形貌分析的主要内容是分析材料的几何形貌、材料的颗粒度及颗粒度的分布以及形貌微区的成分和物相结构等方面。红外光谱是一种可以进行物质分子结构测定的光谱，获取分子结构信息。

采用扫描电镜、激光粒度分析仪、扫描探针显微镜和红外光谱测量研磨制备的粉体材料的粒度、粒度分布、形貌及光谱性能，掌握测量粉体性能的不同方法、原理及所使用仪器的操作。

（1）粉体形貌分析实验（扫描电镜）

扫描电镜（SEM）是一种常见的广泛使用的表面形貌分析仪器，材料的表面微观形貌的高倍数照片是通过能量高度集中的电子扫描光束扫描材料表面而产生的。对通过研磨制备的粉体样品可以直接进行形貌观察及投影粒度分析，$0.02\sim2000\mu m$ 的粉体材料，可继续使用粒度分析仪进行粒度测量，得到粒度分布曲线；而对于小于 20nm 的粉体材料则可以在扫描探针显微镜上进行三维形貌的分析。

（2）粉体粒度分析实验（激光粒度仪）

粉体材料的粒度是粉体的重要性能之一，对材料的制备工艺、结构、性能均产生重要的影响，采用粉体原料来制备材料时必须对粉体粒度进行测定。在扫描电镜进行形貌分析的基础上，对于 $0.02\sim2000\mu m$ 的粉体材料进行粒度分析。采用激光粒度测试法，利用颗粒对激光产生衍射和散射的现象来测量颗粒的粒度及粒度分布。

（3）纳米粉体三维形貌分析实验（扫描探针显微镜）

在扫描电镜对粉体进行形貌分析的基础上，对于微观尺寸在纳米介观尺度范围的粉体材料，通过扫描探针显微镜进行三维的形貌分析，并通过粒度分析软件对其在微区范围内进行粒度分析，得到纳米粉体材料的形貌及微区粒度分布。

（4）粉体红外光谱分析实验（傅里叶红外光谱仪）

通过用傅里叶变换红外光谱仪测定分子振动光谱，获取粉体材料分子结构信息，促进理解光与物质的相互作用。

3. 粉体热压烧结实验（热压烧结炉）

粉末烧结是利用粉末颗粒表面能的驱动力，借助高温激活粉末中原子、离子等的运动和迁移，从而使粉末颗粒间增加粘结面，降低表面能，形成稳定的、所需强度的块体材料（制品与坯锭）的过程。热压烧结实验是对试样进行加压加热进行烧结，是粉体材料烧结中较常用的一种烧结方法。

4. 粉末烧结性能测试实验

陶瓷材料的成形方式决定了多数陶瓷材料存在很多气孔等缺陷，陶瓷材料的性能与陶瓷材料的密度密切相关，密度测量是陶瓷性能测试的重要组成部分。通过本实验测量陶瓷密度和气孔率，了解密度、吸水率和气孔率的物理意义及计算方法，掌握密度、吸水率和气孔率的测定原理和方法，分析影响测试结果的主要因素。

粉体材料成形性能综合实验是包括从粉体材料的制备、性能测试、烧结成形和烧结性能测试的一体化实验项目。在此基础上还可以进一步扩展，增加新的实验子项目，并根据科研和教学需要使用不同类型的粉体材料，提高学生的创新能力和动手能力。

实验 3.1　粉体制备实验

一、实验目的

掌握球磨的工艺原理和操作方法；掌握筛分的工艺原理和操作方法；了解影响球磨与筛分的主要因素。

二、实验设备与器材

实验设备：PMQW 全方位行星式球磨机。

实验器材：500mL 不锈钢球磨罐，4 只；磨球，氧化锆质，2000g；尼龙丝网分样筛，60、80、100、200 目各一只；取粉勺，大号搪瓷托盘，8 开白纸数张；无色塑料盆（直径 220～250mm）或直径合适的瓷质、搪瓷容器等。

三、实验原理

1. 球磨

球磨是将粉体与球磨介质（也称为磨球）装入专用的球磨筒（罐）中，在球磨机上使球磨筒以一定转速（低于临界转速）转动，依靠磨球的冲击、磨剥作用，对粉体颗粒产生粉碎作用；当有液体介质（如水、酒精等）存在时，称为湿法球磨，无液体介质时称为干法球磨。PMQW 全方位行星式球磨机是在一大盘上装有四个球磨罐，当大盘转动（公转）时，球磨罐在其公转轨道上作自转运动，大盘和球磨罐在做行星运动的同时，又可在一立体空间范围内做 360°翻斗式翻转，并可人为设置在任意方位定点运行，使所磨的材料更加匀细，并能解决部分材料的沉底和粘罐问题。在球磨初期，颗粒较粗，冲击作用较大，当粉料磨细，细颗粒多时，由于细粉的缓冲作用，冲击作用变弱，则以磨剥作用为主。随球磨时间延长，颗粒粒度不断减小。但在其他条件一定的情况下，并非任意延长时间就能提高球磨效率，粒度降至某一值时就基本不变，此时过于延长时间只会造成介质的磨耗。影响球磨效果的因素很多，主要有转速、球磨时间、粉-球比例、磨球的尺寸、级配、形状和种类等，至今尚无定量确定的方法，一般依靠实验获得的经验确定。球磨处理时，还需要重视防止污染的问题，随着球磨的进行，球磨筒（罐）的内壁材料和磨球也必然发生磨耗，磨耗物混入粉料中造成污染，很难消除。球磨罐、磨球应专用，避免不同粉料之间产生污染。

2. 筛分

筛分是使颗粒群在筛面上做相对运动（垂直、水平方向都有），靠颗粒的重力，使最大长度尺寸小于筛孔尺寸的部分颗粒通过筛孔，从而实现对粉体的分离、分级。筛孔尺寸是控制筛下颗粒尺寸的关键。颗粒越细，之间的黏附力越大，200目及以上的干粉很难筛下。粉料中所含水分越少，越有利于筛分，但当水分多于一定量，粉料成为浆体时，又可加速筛分。实验室处理的粉体量少，一般不追求筛分效率，而主要控制筛下颗粒的粒度组成，常将筛分与细研交替进行。

四、实验步骤

1. 所用取粉勺、托盘、筛子均先洗净并烘干。

2. 根据欲球磨的粉量和球磨罐容积，确定用几只罐，500mL 罐一般最多处理 100g 干粉（装料最大容积为球磨罐容积的三分之二），试样直径通常为 1mm 以下，固体颗粒一般不超过 3mm；10mm 直径钢球和 20mm 钢球数量按 10：1 混放，按粉：球＝1：5～10（质量比），分别称好氧化锆球、粉放入球罐，上好罐盖。

3. 将已装好球、料的球磨罐正确安放在球磨机上，先将上方把手顺时针拧紧，再将下方把手顺时针锁紧（锁紧螺母，防止螺杆松动发生意外），然后关上罩盖。

4. 用插头线连接电源盒控制器，在控制器上设定运行方式后，启动电机。

5. 调节转速，开始研磨时，转速可高一些，当罐盖磨出球的槽时，说明转速偏高，应降速，研磨一段时间后，转速可降低一些，这样球磨效率更高。

6. 球磨结束后，关闭球磨机电源及其他仪器设备的电源开关。

7. 取出罐内的球和粉料，进行筛分分级，将分级后的粉体分别装瓶，进行下一步实验。

8. 清理实验场地，归整实验仪器。

五、实验报告要求

实验报告应包括以下内容：实验目的，实验原理；样品名称，介质名称；实验操作步骤及主要现象观察记述；回答思考题。

六、思考题

1. 对同量粉料球磨时，磨球尺寸大好还是小好？

2. 在球磨过程中，大球和小球主要各起什么样的作用？

实验 3.2 粉体形貌分析实验(扫描电镜)

一、实验目的

了解扫描电镜的基本结构和原理;熟悉扫描电镜试样的制备方法;了解二次电子像,观察记录操作的全过程及其在形貌组织观察中的应用。

二、实验内容

完成一个粉末试样二次电子像观察的全过程,包括试样制备、仪器操作、图像观察、记录,对图像上颗粒粒径进行测量。

三、实验仪器、设备及材料

实验仪器:研钵,手动镶嵌机,磨抛机,Quanta FEG 扫描电子显微镜(如图 3-2 所示)。

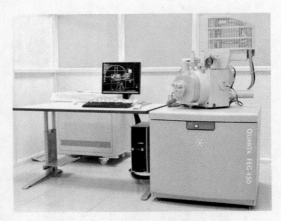

图 3-2　Quanta FEG450 场发射扫描电镜

实验材料:微米级氧化铝陶瓷,石墨粉,氧化钛或氧化锡粉等。

四、实验原理

显微镜法(Microscopy)是一种测定颗粒粒度的常用方法。根据材料颗粒度的不同,既可采用一般的光学显微镜,也可以采用电子显微镜。光学显

微镜测定范围为 $0.8\sim150\mu m$，小于 $0.8\mu m$ 者必须用电子显微镜观察。显微镜法可以了解在制备过程中颗粒的形状，绘出特定表面的粒度分布图，而不只是平均粒度的分布图。

扫描电子显微镜（SEM）由电子光学系统、扫描系统、信号测试放大系统、图像显示记录系统、真空系统和电源系统等部分组成。电子光学系统，又称镜筒，是 SEM 的主体。电子枪的热阴极发出的电子受阳极电压加速形成笔尖状电子束。经过多个电磁透镜的会聚，在末透镜上部的扫描线圈作用下，细电子束在样品表面作光栅状扫描。SEM 的基本构造和工作原理见图 3-3。

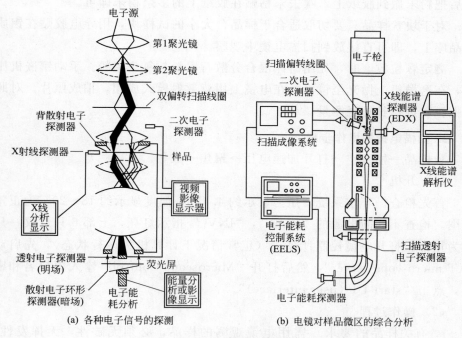

(a) 各种电子信号的探测　　　　　(b) 电镜对样品微区的综合分析

图 3-3　SEM 的基本构造和工作原理

SEM 是用聚焦电子束在试样表面逐点扫描成像。试样为块状或粉末颗粒，成像信号可以是二次电子、背散射电子或吸收电子。由电子枪发射的能量为 $5\sim35keV$ 的电子，以其交叉斑作为电子源，经二级聚光镜及物镜的缩小形成具有一定能量、一定束流强度和束斑直径的微细电子束，在扫描线圈驱动下，于试样表面按一定时间、空间顺序作栅网式扫描。聚焦电子束与试样相互作用，产生二次电子发射（以及其他物理信号），二次电子发射量随试样表面形貌而变化。二次电子信号被探测器收集转换成电讯号，经视频放大后输入到显像管栅极，调制与入射电子束同步扫描的显像管亮度，得到反映试样表面形貌的二次电子像。二次电子产生的区域较小，图像分辨率较高。从样品得到的二次电子产率与表面形态有密切关系，而受样品成分的影响较小，所以它是研究样品表面形貌的最有用工具。SEM 在真空状态下运行，真空度为 1mPa。

五、实验方法与步骤

1. 样品的制备

粉末样品的制备常用的是胶纸法，先把导电两面胶纸粘贴在样品座上，然后把粉末撒到胶纸上，吹去未粘贴在胶纸上的多余粉末即可。

对于块状样品只要切取适合于样品台大小的试样块，用导电胶贴在铝质样品座上，即可直接放到扫描电镜中观察。

测定颗粒粒度时，先用研钵混合分散石墨粉与氧化铝粉。手动镶嵌机压片，在磨抛机上抛光至镜面。在电镜上用背散射模式成相，拍成照片。对照片上颗粒进行长短径测量。

2. 扫描电镜的操作步骤

装样品→抽真空→打开加速电压→聚焦→成相。

（1）开机

首先检查循环水系统，压力显示约 4.5Pa，温度显示约 18～20℃ 为正常范围。检查不间断电源的"LINE"，"INV."指示灯亮，上部 6 只灯仅一只亮为正常。打开电镜控制计算机（正常情况下计算机为运行状态），先启动"XT microscope server"，然后打开"Microscope Control"输入用户名和密码，点击"start UI（user interface）"。

（2）操作过程

a. 有关样品的要求　需用电镜观测的样品，必须无磁性，无挥发性，能与样品台牢固粘结（块状试样的下底部需平整，利于粘结）。

b. 装样品过程　换样品前必须先检查束流（beam on）/加速电压是否已经关闭，条件符合，可点击放气键（"VENT"）。交换样品台操作必须戴干净手套。固定好样品台后（固紧内六角螺丝），必须用专用卡尺测量样品高度，不允许超过规定高度。推进样品室，左手按住样品室门，右手点击抽真空键"PUMP"。整个换样品过程中，不要手动调节样品台位置（倾动除外）。

c. 开高压过程　样品室抽真空到达≤5mPa，可以开高压/加束流，观察图像。开高压：检查"Detector"菜单项中的"SE"或"TLD"被选中，按"beam on"键，数秒后应听到 V6 阀开启的声音，等待键颜色变黄色。图像出来后首先必须聚焦图像，然后按"OK"，使电脑能测出实际的样品高度，次序不可颠倒。在数千倍聚焦完成后（In Focus），按"OK"。

d. 聚焦图像　按住鼠标右键，左或右向移动鼠标来聚焦图像。

e. 消像散　按住左 Shift 键，按住鼠标右键移动，消除像散。

f. 扫描　按"F6"键或点击"pause"，电镜开始扫描，扫描结束自动停止。这时可用"File"菜单中的"save as"保存图像。

（3）关机

按下软件键"束流（beam on）"，稍等待，听到 V6 阀的动作声音后，键颜色由黄色变灰色，表示高压已正式关闭。放气，取出样品后，重抽真空。

3. 实验数据处理

将照片上像素转化为单位测量，做出粒径分布图。

六、扫描测试要求

扫描电镜的优点之一是样品制备简单，对于新鲜的断口样品不需要做任何处理，可以直接进行观察，但在以下情况下需对样品进行必要的处理。

① 样品表面附着有灰尘和油污，可用有机溶剂（乙醇或丙酮）在超声波清洗器中清洗。

② 样品表面锈蚀或严重氧化，采用化学清洗或电解的方法处理。清洗时可能会失去一些表面形貌特征的细节，操作过程中应该注意。

③ 对于不导电的样品，观察前需在表面喷镀一层导电金属或炭，镀膜厚度控制在 5～10nm 为宜。

对于金属等导电的样品，直接将其用导电胶固定在样品台上即可。对于陶瓷等非导电的样品，将其用导电胶固定在样品台上后，应根据分析目的进行不同的导电处理。对于仅观察组织形貌的样品，将其送入离子溅射仪中喷镀上一层导电膜（一般为纯金膜）后，就可以放进扫描电镜进行观察了。对于不仅观察组织形貌，而且还需用能谱仪作元素分析的样品，则应将其送入真空镀膜仪中喷镀上一层导电的炭膜后，方可将其放进扫描电镜进行观察和分析。

七、实验报告要求

实验报告应包括以下内容：简述扫描电镜的基本构造，主要部件的功能；简述样品装入、图像观察与记录、拍照等等操作过程；描述所分析观察的样品的形貌。

八、实验注意事项

1. 实验前务必认真阅读指导书，实验中认真做好记录。

2. 保持电镜室干净。

3. 实验过程中切勿倚靠仪器，切勿喧哗、振动。

九、思考题

1. 和光学显微镜相比，扫描电镜具有什么特点？

2. 如何测量粉末颗粒的粒度？

3. 本实验中采用扫描电镜中哪种模式工作？

实验 3.3 粉体粒度分析实验(激光粒度仪)

一、实验目的

掌握粉体粒度测试原理及方法；了解影响粉体粒度测试结果的主要因素，掌握测试样品制备的步骤和注意要点；学会对粉体粒度测试结果数据处理及分析。

二、实验仪器、设备及材料

制样仪器及材料：电动搅拌器、超声波清洗器，烧杯、玻璃棒、蒸馏水、六偏磷酸钠。

测量仪器：马尔文 Mastersizer 2000 激光粒度仪。

三、实验原理

粉体粒度是粉体的重要性能之一，对材料的制备工艺、结构、性能均产生重要的影响，采用粉体原料来制备材料时，必须对粉体粒度进行测定。粉体粒度的测试方法有许多种：筛分法、显微镜法、沉降法和激光法。

激光粒度测试法是利用颗粒对激光产生衍射和散射的现象来测量颗粒的粒度分布，其基本原理是激光经过透镜组扩束成具有一定直径的平行光，照射到测量样品池中的颗粒悬浮液时，产生衍射，经傅氏（傅里叶）透镜的焦距作用，在透镜的焦平面上形成一中心圆斑和围绕圆斑的一系列同心圆环，圆环的直径随衍射角的大小（即随颗粒的直径）而变化，粒径越小，衍射角越大，圆环直径亦大；在透镜的后焦平面位置设有一多元光电探测器，能将颗粒群衍射的光通量接收下来，光-电转换信号再经模数转换，送至计算机处理，根据米氏理论和佛朗霍夫衍射原理关于任意角度下衍射光强度与颗粒直径公式，进行复杂的计算，并运用最小二乘法原理处理数据，最后得到颗粒群的粒度。激光粒度测试法具有适应广、速度快、操作方便、重复性好的优点。

图 3-4 是激光束在无阻碍状态下的传播示意图，图 3-5 是不同粒径的颗粒产生不同角度的散射光示意图，图 3-6 是激光粒度仪原理示意图。

图 3-4　激光束在无阻碍状态下的传播示意图

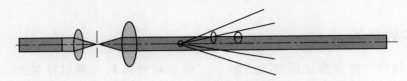

图 3-5　不同粒径的颗粒产生不同角度的散射光示意图

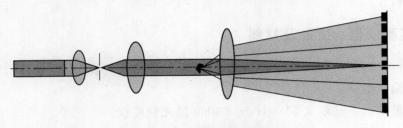

图 3-6　激光粒度仪原理示意图

四、实验方法与步骤

（一）样品制取

1. 取样

实际测量的样品量很少，故所取的样品必须具有充分的代表性。注意遵循以下原则：

（1）多点、不同深度取样；

（2）缩分取样。通常方法为：a. 用小勺多点（至少四点）取样；b. 圆锥四分法，将待测粉体在洁净的平面上堆成圆锥体，用薄板垂直将其切分成相等四份，再将对角两份混合后堆成圆锥体，依此法重复缩分，直至最小的一份的量为 1g 左右为止。

2. 悬浮液配置

所取粉样需配成悬浮液才能测试。液体（介质）应对待测粉体具有良好的湿润性，纯净无杂质且对激光透明，并不与颗粒发生反应变化。可视粉体的物理、化学特性选用纯净水、酒精、水＋甘油、酒精＋甘油等介质。本实验中介质为纯净水。

为使粉体颗粒在介质中有良好的分散、悬浮效果，还应在介质中溶入分散剂。分散剂应根据介质样品来选用。

实验中，将 0.2％的六偏磷酸钠水溶液约 80mL 倒入干净烧杯中，加入所取的样品约 20～30mg，用玻璃棒充分搅拌后再用电动搅拌器配成悬浮液，悬浮液浓度（样品浓度）对测试结果的代表性有一定影响，马尔文 Mastersizer2000 激光粒度仪要求样品浓度满足遮光度分布在 10％～20％范围最佳。因为样品浓度直接关系到送入样品池内悬浮液单位体积内的颗粒个数，浓度过小，样品代表性差；浓度过大，颗粒间相互干扰作用加大，影响颗粒的正常运动状态。通常粉体颗粒越细，配置适宜浓度所需的样品量少；颗粒越粗，所需的样品量则多。

为进一步提高分散效果，减弱颗粒的团聚，还可对搅拌好的悬浮液进行超声分散处理。将盛有悬浮液的烧杯放入超声清洗器的水槽中，打开电源开关即可超声处理，时间一般 4～15min，注意开启超声清洗器电源前，槽内应有约三分之一的水。超声结束后悬浮液如不立即注入样品池中测试，还应在装样前加以搅拌。

（二）测试步骤

1. 装样

将充分搅拌均匀的悬浮液用滴灌抽取适量，滴入进样器中。

2. 进入计算机测试系统测量

（1）单击"马尔文 Mastersizer2000"图标进入界面。打开"测量-文档"项，进入"测试文档"窗口，可输入有关样品名称、介质名等信息，并"确认"。

（2）打开"测量-背景"项，进入"测试背景"窗口，单击"开始"，测试背景时样品池应装入纯净介质（水），单击"确定"保存背景数据，返回，连续测试多个样品，只要介质相同，可无需再测背景；单击"取消"则不保存返回。

（3）打开"测量-浓度"项，进入"测试浓度"窗口，单击开始，此时样品池装入悬浮液，单击确定。从中可确知悬浮液浓度是否处于最佳范围，如不在，需重新调整浓度。

（4）打开"测量-测试"项，进入"测试"窗口，单击开始，测试粒径及粒度分布数据。打开"测量-结果"项，进入"样品结果"窗口，结果分表格、图形、典型结果三种形式显示。

3. 测试结束退出系统

依次关闭"搅拌，电源"；打开测量室盖，取下搅拌器片、样品池并清洗，擦拭干净。

五、实验报告要求

实验报告应包括以下内容：实验目的，实验原理；样品名称，介质名称；实验操作步骤；粉体粒度及粒度分布的测试结果；回答思考题。

六、实验注意事项

1. 实验前预习有关步骤，仔细了解使用方法。

2. 实验前检查取样勺、烧杯、玻璃棒、搅拌器和样品池等，凡与样品接触的物件不得残留任何其他粉体或者污染物，每次用后均要充分清洗以上物件，擦干净以备下次使用。

七、思考题

1. 所测粉体属于微米级还是亚微米级？粒度分布如何？
2. 试列举 2 个影响测试结果可靠性的因素。

纳米粉体三维形貌分析实验（扫描探针显微镜）

一、实验目的

学习扫描探针显微镜（Scanning Probe Microscope，简称 SPM）的工作原理，掌握测试样品的制备方法及仪器测试的操作步骤；利用扫描探针显微镜来测量纳米薄膜、纳米粉体颗粒的表面形貌。

二、实验仪器、设备及材料

制样仪器及材料：纳米薄膜，纳米粉体；云母片，乙醇、蒸馏水；电动搅拌器、超声波清洗器、烧杯。

测量仪器：SPM-9500J3 扫描探针显微镜、计算机。

三、实验原理

SPM 的基本原理是将一个对微弱力极敏感的微悬臂一端固定，另一端有一微小的针尖，针尖与样品表面轻轻接触，由于针尖尖端原子与样品表面原子间存在极微弱的排斥力，通过在扫描时控制这种力的恒定，带有针尖的微悬臂将对应于针尖与样品表面原子间作用力的等位面而在垂直于样品的表面方向起伏运动。利用光学检测法或隧道电流检测法，可测得微悬臂对应于扫描各点的位置变化，从而可以获得样品表面形貌的信息。SPM 工作原理如图 3-7 所示。

如图 3-7 所示，二极管激光器（Laser Diode）发出的激光束经过光学系统聚焦在微悬臂（Cantilever）背面，并从微悬臂背面反射到由光电二极管构成的光斑位置检测器（Detector）。在样品扫描时，由于样品表面的原子与微悬臂探针尖端的原子间的相互作用力，微悬臂将随样品表面形貌而弯曲起伏，反射光束也将随之偏移，因而，通过光电二极管检测光斑位置的变化，就能获得被测样品表面形貌的信息，将样品的表面特性以影像的方式呈现出来。

SPM 的工作模式是以针尖与样品之间的作用力的形式来分类的，主要有接触模式、非接触模式和轻敲模式。本实验采用轻敲模式。

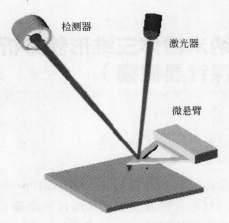

图 3-7　扫描探针显微镜工作原理示意图

SPM 的系统可分成三个部分：力检测部分、位置检测部分、反馈系统。

1. 力检测部分

在 SPM 系统中，所要检测的力是原子与原子之间的范德华力。在本系统中使用微小悬臂（Cantilever）来检测原子之间力的变化量。微悬臂通常由一个 $100\sim500\mu m$ 长和约 $500nm\sim5\mu m$ 厚的硅片或氮化硅片制成。微悬臂顶端有一个尖锐针尖，用来检测样品-针尖间的相互作用力。微小悬臂有一定的规格，如：长度、宽度、弹性系数以及针尖的形状。根据样品的特性以及操作模式，选择不同规格的探针。

2. 位置检测部分

在 SPM 系统中，当针尖与样品之间有了交互作用之后，会使得悬臂摆动，所以当激光照射在微悬臂的末端时，其反射光的位置也会因为悬臂摆动而有所改变，这就造成偏移量的产生。在整个系统中是依靠激光光斑位置检测器将偏移量记录下并转换成电的信号，以供 SPM 控制器作信号处理。

3. 反馈系统

在 SPM 系统中，将信号经由激光检测器取入之后，在反馈系统中会将此信号当作反馈信号，作为内部的调整信号，并驱使通常由压电陶瓷管制作的扫描器做适当的移动，以保持样品与针尖保持一定的作用力。

SPM 系统使用压电陶瓷管制作的扫描器精确控制微小的扫描移动，当在压电陶瓷对称的两个端面加上电压时，压电陶瓷会按特定的方向伸长或缩短，而伸长或缩短的尺寸与所加的电压的大小成线性关系，即可通过改变电压来控制压电陶瓷的微小伸缩。通常把三个分别代表 X、Y、Z 方向的压电陶瓷块组成三角架的形状，通过控制 X、Y 方向伸缩达到驱动探针在样品表面扫描的目的；通过控制 Z 方向压电陶瓷的伸缩达到控制探针与样品之间距离的目的。

四、实验方法与步骤

（一）样品制取

1. 取样

实际测量的样品量很少，故所取的样品必须对待测的纳米薄膜及粉体颗粒具有充分的代表性。注意遵循以下原则：纳米薄膜取样应在均匀一致处取样；粉体颗粒应在充分分散后多点、不同深度取样。

2. 粉体样品的充分分散

所取粉体样品需充分分散后才能测试。分散液体（介质）应对待测粉体具有良好的分散性、湿润性，不与颗粒发生反应变化，可视粉体的物理、化学特性选用纯净水、乙醇等。为进一步提高分散效果，减弱颗粒的团聚，还可进行超声分散处理。将盛有悬浮液的烧杯放入超声清洗器的水槽中，打开电源开关即可超声处理，时间一般 4～15min，分层取样、多点取样，滴在洁净的云母片上，晾干后准备测试。

（二）测试步骤

1. 开机顺序

打开电脑主机电源→打开 SPM control unit 电源→打开 monitor 电源→打开打印机电源→双击 SPM 快捷方式，出现 SPM manager 窗口，在确认 SPM 控制部分的 ready 灯亮后（电源指示灯下方）点击"online"开始，检查显示栏底部是否显示"standby"（就绪）。

2. 固定样品，安装到检测台

对于未知样品，固定时首先确保固定在样品台中心位置，用双面胶或其他胶固定后尽量水平。样品的最大尺寸不超过 24mm（直径），8mm（高度）。

检查 SPM 头部分确认悬臂针尖与样品台之间有足够的空间放样。如果距离不够，点击工具栏中使 level 上升（release）按钮（或 Manu－level－up）。当距离足够，点击"stop"（指连续上升的情况，或 Manu－level－

stop）。

松开头部分两侧夹子，稍微抬起头部向后滑动，使样品台部分露出。把样品放在台上，滑动头部向前到原来位置，锁紧头部。

3. 选择扫描模式

在 setting 下拉菜单中选择 mode and scanner，选中 dynamic mode，点击 ok。

4. 光路调整

打开"setting"下拉菜单中"panel display"。移动激光控制旋钮（水平和前后）在 X、Y 平面移动，使激光斑打在悬臂尖端，使数字信号面板有 2～4 个灯亮。此时注意在"scan condition"面板中，"operating point"设置为 0，再调节检测器位置，使 LED 数字显示为 0 点。选中"panel display"中"vertical RMS"。

5. 打开软件设置参数，并调节谐振频率

点击"setting"下拉菜单"level tune"，振动频率信号调节"auto"，显示出的针头蓝色振动频率信号与红色压电陶瓷率信号交点与蓝色线顶点信号距离不能太远（可调节频率数值），交点位置约占蓝色频率幅度的 90% 左右（如无法正常谐振，需要重新调节光路）。点击"ok"。

6. 检测扫描

点击工具栏"fast approach"，结束后，检查信号面板数值，确认 LED 数字显示为 −0.01～−0.06（一般为 −0.03）。如操作点偏离，通过改变 "scan condition"面板的"operating point"数值来调节 LED 上的数字。

7. 保存图像

点击工具栏"file → save this/save next"，填写样品说明信息，点击 "ok"。

8. 图像处理

点击"manager"图标的"offline"按钮，对图像进行扣背景、除噪音的处理后，将图像拷贝到各自组别目录下画图格式文件中或者 word 文档文件中。

五、实验报告要求

实验报告应包括以下内容：实验目的，实验原理；样品名称，介质名

称；实验操作步骤；对实验图像进行分析。

六、实验注意事项

1. 实验前预习有关步骤，仔细了解使用方法。

2. 实验前检查滴管、烧杯、搅拌器等凡与样品接触的物件不得残留任何其他粉体或者污染物，每次用后均要清洗以上物件，擦干净以备下次使用。

3. 调节激光光路或更换样品时不要直视激光光源，否则可能对眼睛造成伤害。

4. 控制器运行过程中，电脑主机不可关闭。

七、思考题

1. 和 SEM 相比，SPM 具有哪些特点？

2. SPM 的工作模式有几种？实验采用的是哪种工作模式？

3. SPM 是如何实现探针和样品的无限接近的？

粉体红外光谱分析实验(傅里叶变换红外光谱仪)

一、实验目的

熟悉傅里叶变换红外光谱仪的基本构造和工作原理；了解用傅里叶变换红外光谱仪测定分子振动光谱，获取粉体材料分子结构信息。

二、实验仪器及材料

实验仪器：研钵，压片器，Perkin Elmer Spectrum 100 傅里叶变换红外光谱仪。

实验材料：粉体颗粒，溴化钾，乙醇。

三、实验原理

红外吸收光谱分析方法主要是依据分子内部原子间的相对振动和分子转动等信息进行测定。

1. 双原子分子的红外吸收频率

分子振动可以近似地看作是分子中以原子中心为平衡点，以很小的振幅作周期性的振动。这种振动的模型可以用经典的方法来模拟。如图 3-8 所示，m_1 和 m_2 分别代表两个小球的质量，即两个原子的质量，弹簧的长度就是化学键的长度。这个体系的振动频率取决于弹簧的强度，即化学键的强度和小球的质量。其振动是在连接两个小球的键轴方向发生的。

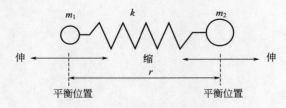

图 3-8　双原子分子的振动模型

用经典力学的方法可以得到如下的计算公式：

$$\nu = \frac{1}{2\pi}\sqrt{\frac{k}{\mu}} \qquad\qquad (3\text{-}1)$$

或

$$\bar{\nu} = \frac{1}{2\pi c}\sqrt{\frac{k}{\mu}} \qquad\qquad (3\text{-}2)$$

可简化为：

$$\bar{\nu} \approx 1304\sqrt{\frac{k}{\mu}} \qquad\qquad (3\text{-}3)$$

式中，ν 为频率，Hz；$\bar{\nu}$ 为波数，cm^{-1}；k 为化学键的力常数，g/s^2；c 为光速，$3\times10^{10}\,cm/s$；μ 为原子的折合质量，$\mu = m_1 \cdot m_2/(m_1 + m_2)$。

一般来说，单键的 $k = 4\times10^5 \sim 6\times10^5\,g/s^2$；双键的 $k = 8\times10^5 \sim 12\times10^5\,g/s^2$；叁键的 $k = 12\times10^5 \sim 20\times10^5\,g/s^2$。

2. 多原子分子的吸收频率

双原子分子振动只能发生在连接两个原子的直线上，并且只有一种振动方式，而多原子分子振动则有多种振动方式。假设由 n 个原子组成，每一个原子在空间都有 3 个自由度，则分子有 $3n$ 个自由度。非线性分子的转动有 3 个自由度，线性分子则只有 2 个转动自由度，因此非线性分子有 $3n-6$ 种基本振动，而线性分子有 $3n-5$ 种基本振动。以 H_2O 分子为例，水分子由 3 个原子组成并且不在一条直线上，其振动方式应有 $3\times3-6=3$ 个，分别是对称和非对称伸缩振动和弯曲振动。O—H 键长度改变的振动称为伸缩振动，键角小于 H—O—H 夹角改变的振动称为弯曲振动。通常键长的改变比键角的改变需要更大的能量，因此伸缩振动出现在高波数区，弯曲振动出现在低波数区。

3. 红外光谱及其表示方法

红外光谱所研究的是分子中原子的相对振动，也可归结为化学键的振动。不同的化学键或官能团，其振动能级从基态跃迁到激发态所需要的能量不同，因此要吸收不同的红外光。物理吸收不同的红外光，将在不同波长上出现吸收峰。红外光谱就是这样形成的。红外光谱的表示方法如图 3-9 所示。

红外波段通常分为近红外（$13300 \sim 4000\,cm^{-1}$）、中红外（$4000 \sim 400\,cm^{-1}$）和远红外（$400 \sim 10\,cm^{-1}$）。其中研究最为广泛的是中红外区。

4. 红外谱带的强度

红外吸收峰的强度与偶极矩变化的大小有关，吸收峰的强弱与分子振动

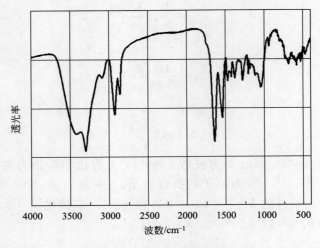

透光率

波数/cm⁻¹

图 3-9　典型的红外光谱

时偶极矩变化的平方成正比。一般永久偶极矩变化大的，振动时偶极矩变化也较大，如 C=O（或 C—O）的强度比 C=C（或 C—C）要大得多，若偶极矩变为零，则无红外活性，即无红外吸收峰。

四、实验设备

使用的实验设备是 Spectrum 100 傅里叶变换红外光谱仪，其工作原理如图 3-10 所示。固定平面镜、分光器和可调凹面镜组成傅里叶变换红外光谱仪的核心部件——迈克尔干涉仪。由光源发出的红外光经过固定平面镜反射镜后，由分光器分为两束：50％的光透射到可调凹面镜，另外 50％的光反射到固定平面镜。

可调凹面镜移动至两束光光程差为半波长的偶数倍时，这两束光发生相长干涉，干涉图由红外检测器获得，经过计算机傅里叶变换处理后得到红外光谱图。

五、实验方法与步骤

1. 样品制备：用研钵混合研磨粉体和溴化钾（质量比 0.5％～1％）至颗粒度小于 2μm。

2. 采用压片法，将研细的粉末用压片器压成透明的薄片。

3. 将制好的样品用夹具夹好，放入仪器内的固定支架上进行测定，样品测定前要先测定背景。

4. 测试操作和谱图处理按工作站操作说明书进行，主要包括输入样品

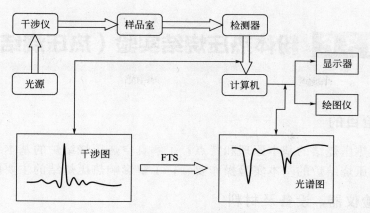

图 3-10　Spectrum 100 傅里叶变换红外光谱仪的工作原理图

编号、测量、基线校正、谱峰标定、谱图打印等几个命令。

5. 测量结束后，用无水乙醇将研钵、压片器具洗干净，烘干后，存放于干燥器中。

6. 实验数据分析，根据图谱中振动峰的位置以及粉体颗粒的化学组成，解析化合物分子结构。

六、注意事项

1. 必须严格按照仪器操作规程进行操作；实验未涉及的命令禁止乱动。

2. 谱图处理时，平滑参数不要选择太高，否则会影响谱图的分辨率。

七、思考题

1. 用压片法制样时，为什么要求研磨到颗粒度在 $2\mu m$ 左右？

2. 采用压片法，为什么需要用压片器将粉末薄片压成透明的？

实验 3.6　粉体热压烧结实验（热压烧结炉）

一、实验目的

掌握热压烧结的基本原理和特点；了解真空热压烧结炉的基本结构；掌握真空热压烧结炉的基本实验操作要领；了解影响热压烧结的主要因素。

二、实验仪器、设备及材料

实验设备及模具：ZT-40-20Y 真空热压烧结炉；高强石墨模具；普通石墨保护衬套两只，保护垫片 4 片（尺寸与模具配合）；烧杯一只，小刷一把；盛粉容器，烘箱，天平；粉末成形机。

实验材料：粉体（原料）；烧结助剂；真空密封脂；h-BN 粉，防粘模粉；无水酒精，防粘模用。

三、实验原理

热压烧结属区别于常规烧结的特种烧结方法之一，它是在对陶瓷或金属粉体加热的同时施加压力，装在耐高温的模具中的粉体颗粒在压力和温度的双重作用下，逐步靠拢、滑移、变形并依靠各种传质机制，完成致密化过程，形成外部轮廓与模腔形状一致的致密烧结坯体。因此，热压烧结可将压制成形和烧结一并完成。由于在高温下持续有压力的作用，扩散距离缩短，塑性流动过程加快，并影响到其他传质过程的加速，热压烧结致密化的温度（烧结温度）要比常规烧结低 150~200℃，保温时间也短（有时仅需 20~30min）。与常规烧结相比，热压烧结获得的坯体气孔率减小，相对密度高。同时，因为温度较低、时间较短，晶粒不易长大，获得的烧结坯体的晶粒亦比常规烧结的细小，气孔又少，相应的力学性能亦高。原则上，凡能用常规烧结的陶瓷或金属材料，均可用热压烧结来获得更为致密的坯体，但更适用于一些常规方法难以烧结的材料，如各种非氧化陶瓷、难熔金属、金属无机复合材料等。热压的主要优点在于：成形压力较小，烧结温度低，烧结时间短，制品密度高，晶粒细小。

关于热压烧结的致密化理论，目前被较为广泛接受的基本有以下观点：在热压初期，颗粒产生相对滑动、破碎和塑性变形，类似于冷压的颗粒重排，致密化速度较大，主要取决于粉末的粒度、形状和材料的断裂及屈服强度；烧结中后期则以塑性流动为主要传质机制，依靠表面张力和外力使闭孔隙收缩；最后在接近最终致密阶段，则以受扩散控制的蠕变为主要机制，此时致密化速度大为降低，直至最终密度停止变化。当热压温度一定时，增大压力可提高密度；当压力不变时，升高温度也可提高密度。但为发挥热压烧结温度低的优势和受模具材料承受压力的限制，通常温度和压力可调节的范围不大。

炉体通常为圆柱形双层壳体，用耐热好的不锈钢制成，夹层内通冷却水对炉壁、底、盖进行冷却，以保护钢材；加热常用高纯石墨的电阻发热，由于电阻小，需用变压器以低电压、大电流加在石墨发热件上；在发热件和炉体之间，还设置有隔热的屏障，以防止中部的高温散失同时也保护炉体。为防石墨氧化，热压必须在真空或非氧化气氛下进行，故炉体具有很好的密封性，符合真空系统要求，并附有机械真空泵、扩散泵。根据材料不同，也可通入惰性气体（如氩气）或氮气、氢气等。温度通过控制输入电压、电流来改变加于发热件上的输出功率而实现。

加压系统常为电动液压式单轴上下方向加压，在发热件围成的中部放有高强度石墨制成的压模，压模由模套、上下压头组成，上（或下）压头能在模套内运动，以实现对粉末的压制。

ZT-40-20Y 真空热压烧结炉主要技术参数：工作温度≤2000℃；功率0～40kW；最大压力 20T；工作电压 0～375V；工作电流 0～150A；极限真空度 6.67mPa；发热体额定电压 0～36V；下顶杆运动速度调节范围 50～300mm/min；工作区尺寸 160mm×160mm（直径×长度）。

四、实验方法与步骤

1. 粉体准备

准备好一定质量、分散均匀的陶瓷或金属粉末，充分干燥后备用。

2. 模具准备

在烧杯中用无水酒精、h-BN 粉配成悬浮液，用小刷沾液体将高强石黑模具的模套内壁、上压头四周及接触面、下压头上接触面以及保护衬套的内外表面，保护垫片的全部表面都均匀涂抹几遍，放入烘箱烘干，使其表面均附着一薄层白色的 h-BN 粉，以防止热压时粘模，便于脱模。

3. 装模、装粉

将保护衬套按锥度方向放入高强石墨模套内，打开炉盖，取出上部隔热垫，依次把下压头、保护垫片和含保护衬套的高强石墨模套，装在炉内中央下面的下压头座上，各处均到位，并以手轻轻旋之无卡滞现象；向模腔中加入适量烧结助剂，刮平表面，再放入一片保护垫片盖住，缓缓插入上压头，并用手轻轻旋之无卡滞现象，保证端面水平；其上方加压压头，盖好隔热垫，安装好炉盖，安装前在密封橡胶条上涂一层真空密封脂，紧固各螺栓，装炉完成。

4. 预压，抽气

松装的粉体中含有较多的空气，先开启加压电钮，施加初压，目的是排除粉体内大量空气，使颗粒预压紧，方法和要领与冷压同。预压压力约 8～10MPa，加压系统所用的压力或荷载应根据模腔内径面积换算后，加以控制。如热压烧结 Si_2N_3 粉体，烧结气氛为氮气，不需高真空度，但仍需先抽真空，用机械真空泵；抽时先关闭气阀，开动机械真空泵，再打开与真空室相连的真空碟阀，观察真空表读数，抽至 $-0.1MPa$，停泵，再关闭真空碟阀。有时为加快低温阶段的升温速度，也可以在升温至 400℃ 左右再抽真空。

5. 升温，通氮气

升温速率取决于炉子的输出功率，与石墨发热件的总电阻、输入压、电流相关，一般需事先通过试验确定电压、电流参数。另外，发热件使用一段时期后总电阻亦有少许变化，相应地电压、电流参数亦要稍加改变。常用的方法是先接通加热电源，由低至高调节电压，每隔一定时间升一次电压，以获得不同的升温速率。升温时需打开各冷却水进出口阀。氮气可以一开始就通，也可在 400℃ 左右再通。通气时，先开气瓶阀，观察气瓶压力是否正常，再开炉体上的进气阀和气路上的气体流量计的阀，随着 N_2 的充入，真空度下降，到微正压（0.01～0.02MPa）时，调节流量计保持约为 1L/min 即可。在整个烧结过程均不得断通冷却水和氮气。随时记录各时段的电压、电流、温度、压力、气氛情况。

6. 烧结保温、加压

本实验烧结温度取 1750℃，保温时间 30～35min，最终压力 30MPa。在逐步升温过程中，样品逐步发生烧结，收缩，因此，加压也要分段加。在低温阶段，颗粒尚未塑性变形，不能加太大的压力，而在高温剧烈收缩阶段，不仅要加大压力，而且压力还要保持住，跟上收缩引起的压力陡降。实验者要对温度压力情况特变注意观察，并及时加以控制。

如前已述，在冷态已经施加 8～10MPa 压力，随收缩产生，样块与加压压头脱离而致显示的压力下降，需使加压压头下降，与样块保持全接触以维持压力。在温度升至 1500℃ 左右进入烧结中后期，塑性流动增大，此时将压力提高至 20MPa，并注意压力随收缩的变化，及时控制加压压头下行以维持压力。当温度升至 1700℃时，将压力加至 30MPa，直至达到 1750℃并保温阶段，一直维持此压力。

温度的保持同样靠控制电压、电流来实现。由于热惯性作用，到所定的保温温度时，在此时的电压、电流下，温度仍会继续上升，片刻就能冲高 10~20℃或更多，因此，要在接近保温温度时，适当减小所加电压，电流，使在此电参数下温度升至保温温度时，能大致维持热平衡，以达到保持温度基本不变的效果。当然，保温中电参数的微小调整也是必要的。

7. 烧结结束工作

在保温结束后，即可关闭加热系统电源，让炉子内各物件自然冷却，但冷却水、氮气仍通，如步骤 5 所述，一般 4h 左右即可冷至室温。加压系统亦可关闭电源，压力表仍显示一定压力，等试样冷却收缩（正常的热膨胀冷缩）脱离加压压头后，压力会逐步降至零。通水、通气结束后，关闭水阀、气阀、流量计阀、气瓶阀。

8. 脱模、取样

炉内温度冷至 25℃即可打开炉盖，将模套连同上压头、衬套、垫片、试样一起取出，将模套架空，利用上压头和手动液压机，反向压出试样及垫片、衬套。脱模时务必保护好高强石墨模套、压头，因价值较高需定制。试样表面若粘有石墨等杂物时需加以清理。

五、实验报告要求

实验报告应包括以下内容：实验目的与基本原理；热压烧结实验过程记录〔各时段的电压，电流，温度，压力，气氛情况（通气时段，流量等）〕；实验心得体会；回答思考题。

六、实验注意事项

1. 实验前务必认真阅读指导书，在教师讲解下结合实物，了解炉子结构和各控制按钮、阀等。

2. 真空热压烧结炉为大型贵重设备，必须在老师指导下多人协作才能使用，不要随便乱动按钮、阀和温度仪表、真空规管等。

3. 高强石墨模具和炉内其他石墨件（发热件、隔热屏等）均为易碎品，价值较高，不得敲击，要爱护。

4. 冷却水温不可太高，以保护炉体。

七、思考题

1. 热压烧结为什么能获得力学性能更高的材料？
2. 真空热压烧结适合何种类型的材料，请举例说明。

实验 3.7　粉末烧结性能测试实验

一、实验目的

了解陶瓷密度和气孔率测定方法，了解密度、吸水率和气孔率的物理意义及计算方法，掌握密度、吸水率和气孔率的测定原理和方法，分析影响测试结果的主要因素。

二、实验仪器、设备及材料

实验仪器：分析天平，抽真空装置，烘箱，烧杯。

实验材料：烧结后的氧化铝陶瓷。

三、实验原理

陶瓷材料与玻璃不同，它是由包括气孔在内的多相系统组成，陶瓷的吸水率和气孔率的测定都是基于密度的测定，而密度的测定是基于阿基米德原理。陶瓷材料的密度可分为体积密度、真密度和假密度，通常以体积密度（显密度）表示。

体积密度指不含游离水材料的质量与材料总体积（包括材料实际体积和全部开口、闭口气孔所占的体积）之比。真密度指不含游离水材料的质量与材料实际体积（不包括内部开口与闭口气孔的体积）之比。假密度指不含游离水材料的质量与材料开口体积（包括材料实际体积与闭口气孔的体积）之比。测量出上述三种密度，结合力学性能实验可了解分析密度与力学性能的关系。

四、实验方法与步骤

1. 选择没有裂纹和破损的试样，试样表面光洁没有嵌入磨料。

2. 将各烧成温度下烧结的样品在 $105\sim110℃$ 烘箱内烘干后恒重，取出后放入干燥器内待用。

3. 在精密电子天平上称取干燥后的试样，即试样空气中质量 m_1（干重）。

4. 排除试样气孔中的空气。可采用抽气法和煮沸法进行。

（1）抽气法　将试样放入容器并安置于抽真空装置中，抽真空至剩余压力小于 20mmHg，并保持 5min。随后缓慢注入供试样吸收的液体，直至试样完全淹没，再保持 5min 后取出。

（2）煮沸法　将与水不起作用的试样放入烧杯中加水至试样完全浸没，加热至沸腾后，保持微沸状态 1h，然后冷却至室温。

5. 将上述试样轻轻放入电子天平的吊篮中，同时浸没在液体中称试样的浮质量 m_2。

6. 从浸液中取出试样用湿毛巾小心擦去表面多余的液滴，注意不能把气孔中的液体吸出，立即称出在空气中的饱和质量 m_3。

7. 实验数据处理

吸水率、显气孔率和体积密度按以下公式计算：

$$d = \frac{材料干重}{（材料＋开口＋闭口）体积} = \frac{m_1}{m_3 - m_2} \tag{3-4}$$

$$P = \frac{开口气孔体积}{（材料＋开口＋闭口）体积} = \frac{m_3 - m_1}{m_3 - m_2} \times 100\% \tag{3-5}$$

$$A = \frac{开口气孔吸水质量（开口体积）}{材料干重} = \frac{m_3 - m_1}{m_1} \times 100\% \tag{3-6}$$

式中，d 为体积密度；m_1 为干燥后试样干质量；m_2 为浸水中试样浮质量；m_3 为吸水后试样饱和质量；P 为显气孔率；A 为吸水率。

五、实验报告要求

实验报告应包括以下内容：要求写明实验内容、实验目的及实验步骤；写明各个部分的实验仪器、设备及材料、简单实验原理及实验步骤；将实验所得数据及计算结果填入表 3-1 中；思考题回答完整、准确。

表 3-1　不同烧成温度试样吸水率、显气孔率和体积密度的计算结果

试样编号	试样外观情况	干燥后试样干质量 m_1/g	浸水中试样浮质量 m_2/g	吸水后试样饱和质量 m_3/g	吸水率 A/%	显气孔率 P/%	体积密度 d/(g/cm³)

六、实验注意事项

1. 制样时试样块适当倒角，以免测试过程中受损。

2. 试样在沸水中排气阶段须始终保持浸没状态，并且不会因为沸泡搅动使试样受损。

3. 烧成试样的浸液一般采用水，而干燥试样可以采用煤油作浸液。

七、思考题

1. 陶瓷显气孔率指的是什么？

2. 陶瓷体积密度是指什么？

3. 为了准确称量浮重及饱和重，试样排气与否对结果有何影响？

第四章

金属材料冷热加工及组织性能综合实验

金属材料冷热加工及组织性能综合实验旨在创立和搭建一个金属及其复合材料的制备、加工、组织分析和力学性能测试的实验平台，实现从金属及其复合材料的加工、组织性能测试的一整套实验项目。

该综合实验共包括六个子实验，分别为：形变金属基复合材料的制备实验；形变金属基复合材料的组织和性能实验；金属材料的拉伸性能实验；金属材料的硬度实验；金属材料的热处理实验；金属材料的金相综合实验。

1. 形变金属基复合材料的制备实验

形变金属基复合材料制备实验是通过对诸如Cu-Cr材料在实验室用冷轧机或拉拔机上的大变形量的轧制、拉拔变形，制备Cu-Cr形变复合材料。使学生了解形变金属基复合材料的制备过程。

2. 形变金属基复合材料的组织和性能实验

实现不同的变形量和热处理状态对诸如Cu-Cr形变组织和导电性能影响的实验教学，了解不同的变形量和热处理状态对Cu-Cr形变复合材料的组织和导电性能的影响规律。深入理解复合材料工艺、组织和性能的关系。

3. 金属材料的拉伸性能实验

实现金属材料的拉伸实验教学，了解金属材料拉伸实验过程，加深对强度、塑性以及拉伸曲线屈服点、拉伸强度、伸长率和断面收缩率等材料重要力学性能指标含义的理解。

4. 金属材料的硬度实验

实现金属及其复合材硬度测试相关知识的实验教学，了解各种硬度计的测试原理、测试范围、使用方法、加载方式、适用材料。学会多种硬度计的使用方法。

5. 金属材料的热处理实验

实现金属材料不同的热处理工艺以及热处理对其组织和性能的影响的实验教学，了解、实践常规热处理（淬火、回火等）工艺的制定及操作，了解不同热处理工艺对钢的组织的影响；了解不同热处理工艺对钢的性能的影响。使学生理解根据组织和性能的需要选择不同的热处理工艺。

6. 金属材料的金相综合实验

实现金属材料金相试样的制备与光学金相显微镜的组织观察实验教学，了解普通金相显微镜的构造与使用方法，学会使用金相显微镜进行显微组织分析。

通过金属材料制备及性能综合实验综合实验，使学生掌握金属及其复合材料的制备、掌握金属材料微观组织和力学性能的测试的方法，更好地理解理论知识，掌握国家标准测试方法，提高学生的动手能力和创新能力。

实验 4.1　形变金属基复合材料制备实验

一、实验目的

了解形变原位自生复合材料的制备工艺；熟悉冷轧机的操作和使用规程；掌握实验过程中工艺参数对实验结果的影响。

二、实验内容

观察试样铸态及热锻后（冷变形前）的 SEM 组织。对试样进行冷轧变形结合中间热处理制备原位复合材料。

三、实验仪器、设备及材料

实验设备：冷轧机；金相镶样机、磨抛机；Quanta FEG 扫描电子显微镜。

实验材料：铸态合金及热锻后 Cu-Cr 合金（经过热锻预变形）。

四、实验原理

形变铜基原位复合材料是通过大变形量的塑性变形向 Cu 基体中引入均匀相间、定向排列的增强纤维，以形变纤维作为主要的承载体，而 Cu 基体则是传递载荷的媒介。经过剧烈的塑性变形使纤维尺寸及间距减小到亚微米级甚至纳米级，从而大幅度提高材料的强度。由于纤维结构是由铸态第二相在变形加工过程中形成的，故称这类材料为形变原位复合材料（deformation processed in situ composites）。

铜基原位复合材料的制备过程一般包括：制备母合金、预变形和最终变形。母合金通常采用熔铸法和粉末冶金法制备，然后对母合金进行热锻或热挤，目的是细化铸态组织和减小截面尺寸，为最终冷变形作组织和外形准备，最后对材料进行多道次冷轧或冷拔，直至最终尺寸。

通常，合金元素应满足以下要求：①固态与 Cu 不互溶或只有极小的固溶度，保证基体的高导电导热性能；②熔点、密度等物理性能与 Cu 接近，减轻合金熔炼时的宏观偏析；③具有良好的塑性，体积分数一般小于 20%，防止形成第二相网络，保证冷变形顺利进行。研究发现，Cr、W 等脆性第二相含量超过一定值后，材料在变形中将产生宏观开裂。对 Cu-Fe、Cu-Cr 和 Cu-Ag 等体系还包括必要的中间热处理，以提高材料的综合性能。

五、实验方法与步骤

1. 用 SEM 观察铸态及热锻（冷变形前）组织。
2. 用冷轧机进行轧制变形至应变量 $\eta=3$，取试样。
3. 进行一次中间退火。
4. 退火后试样进一步轧制变形至 $\eta=4.8$，取试样。
5. 进行二次中间退火。
6. 二次退火后试样轧制变形至 $\eta=6$，取试样。

六、实验数据处理

1. 将铸态及热锻（冷变形前）组织的 SEM 图像填入表 4-1，对比不同状态下组织变化。
2. 记录每道次变形量，写出变形工艺。

表 4-1 试样铸态及热锻后 SEM 组织观察与分析

试验材料：		
状态	横截面 SEM	纵截面 SEM
铸态		
热锻后		

七、实验报告要求

1. 记录形变原位复合材料 Cu-Cr 的制备工艺流程。
2. 将计算和测试数据填入表格。
3. 根据表 4-1 中组织观察确定 Cu-Cr 合金冷变形前组织。

八、思考题

1. 金属基原位复合材料中原位复合体现在什么地方？
2. 轧制变形中哪些工艺参数会影响原位复合材料的形貌？

形变金属基复合材料的组织和性能实验

一、实验目的

掌握金属基复合材料导电率测试方法；了解金属基复合材料的 SEM 组织分析方法；掌握应变量与复合材料中强化相形态的关系。

二、实验内容

学习使用数字电阻仪，测试不同应变量下金属基复合材料导电率。用 SEM 观察不同应变量下复合材料中强化相形态。

三、实验仪器、设备及材料

实验设备：Quanta FEG 扫描电子显微镜；数字电阻测试仪。

实验材料：Cu-Cr 合金（经过热锻预变形）。

四、实验原理

Cu-Cr 合金在变形初期都存在不均匀变形现象。不均匀变形与冷拔时径向切应变的不均匀分布以及变形过程中第二相沿变形方向的旋转有关。在变形初期，在给定的应力状态下，临界分切应力是变化的，部分取向有利的颗粒开始变形，而取向不利的晶粒则发生转动和再取向。经塑性变形量达到一定程度后，bcc 的 Cr 相取向趋于一致，并沿线拉方向形成<110>丝织构。

Cr 纤维在横截面的不规则形貌亦与 Cr 相中<110>丝织构的形成有直接关系。bcc 的 Cr 相的不规则变形过程可用示意图 4-1 说明。bcc 相的滑移面和滑移方向分别为 {110} 面和<111>方向，图中变形方向平行于 $[1\bar{0}1]$，Cr 相有四个可能的<111>滑移方向为： $[\bar{1}1\bar{1}]$、$[\bar{1}\bar{1}1]$、$[11\bar{1}]$ 和 $[111]$，其中 $[\bar{1}1\bar{1}]$ 和 $[\bar{1}\bar{1}1]$ 方向在滑移面 (110) 内，因此在整个变形过程中，它们可以产生滑移。$[11\bar{1}]$ 和 $[111]$ 方向可产生垂直于变形方向的应变，若这两个方向不可滑移，则为平面应变变形。fcc 的 Cu 基体的滑移系为 {111}<110>或 {100}<110>，在变形

$(1\bar{1}1)Cu//(0\bar{1}1)Cr$。

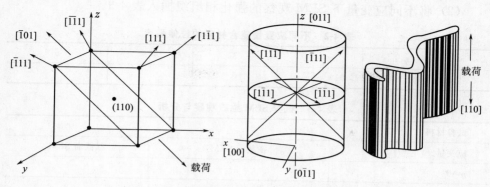

图 4-1　冷变形加工时 bcc 相的丝织构形成

过程中 Cu 基体始终保持轴向均匀流动，为了与基体的轴向均匀流动协调变形，bcc 的 Cr 相的 (110)[111] 和 (110)[11$\bar{1}$] 滑移系必须是可动的，结果导致 Cr 相被迫围绕拉伸轴弯曲或被折断，形成了弯弯曲曲的不规则截面形貌。

冷变形后产生的应变量用对数表示：

$$\eta = \ln\left(\frac{A_0}{A_f}\right) \tag{4-1}$$

式中，A_0 为试样拉拔前的原始截面积；A_f 为取轧制后试样的截面积。

室温下采用数字式微欧计测定电阻值，测量精度为 0.02%，试样标距为 60mm。当试样长度足够时，对试样的不同位置多次测量并求出平均值作为最终测量结果，以国际退火铜标准电导率（IACS）为 100%，由测得的电阻值可计算出试样相对电导率（$\%$IACS），换算公式为：

$$电导率 = \frac{1.7241 \times L}{RS} \times 100\% \tag{4-2}$$

式中，L 为试样的有效长度；R 为所测电阻值；S 为试样的截面积。

五、实验方法与步骤

1. 测量应变量 $\eta = 3$、4.8、6 时试样的电阻率。

2. 用 SEM 观察不同应变量下复合材料强化相的组织形貌。

六、实验数据处理

（1）将不同应变量下电阻率实验中的电阻率根据公式转换为电导率填入表 4-2 中。

（2）将不同应变量下 SEM 观察的强化相组织插入表 4-3。

表 4-2　不同应变量复合材料的拉伸强度

应变量/η	0	3	4.8	6
电导率				

表 4-3　试样 SEM 组织观察与分析

试验材料：

应变量	横截面 SEM	纵截面 SEM
$\eta=0$		
$\eta=3$		
$\eta=4.8$		
$\eta=6$		

七、实验报告要求

1. 将计算和测试数据填入表格。

2. 根据表 4-3 中组织观察确定形变原位复合材料中强化相的组织演变规律。

八、思考题

1. 在实验中铸态合金第二相的组织形态为什么会从枝晶演变为纤维状？

2. 应变量对复合材料的电导率有什么影响？

实验 4.3 金属材料的拉伸性能实验

一、实验目的

验证胡克定律，测定低碳钢的弹性常数——弹性模量；测定低碳钢拉伸时的强度性能指标——屈服应力和拉伸强度；测定低碳钢拉伸时的塑性性能指标——伸长率和断面收缩率。

二、实验内容

测定低碳钢（塑性材料）的弹性模量 E、屈服极限 σ_s 等力学性能。

三、实验设备

Zwick 50kN 万能试验机，引伸仪，游标卡尺等。

四、实验原理

1. 拉伸实验

实验时首先把待测试材料按照 GB 6397—86《金属拉伸试验试样》做成标准圆柱体长试件，其工作长度（标距）$l_0 = 10d_0$，如图 4-2 所示：

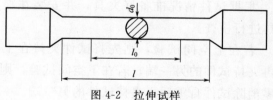

图 4-2　拉伸试样

在负荷-位移曲线，找到的曲线屈服阶段的下屈服点，即为屈服载荷 F_s，找到的曲线上最大载荷值，即为极限载荷 F_b。

屈服极限计算：

$$\sigma_s = \frac{F_s}{A_0} \tag{4-3}$$

式中，σ_s 为屈服极限；F_s 为屈服载荷；A_0 为截面面积。

拉伸强度极限计算：

$$\sigma_b = \frac{F_b}{A_0} \qquad\qquad (4\text{-}4)$$

式中，σ_b 为拉伸极限强度；F_b 为极限载荷；A_0 为试验段截面面积。

2. 材料的塑性特征值延伸率及截面收缩率的测定

试件拉断后，取下试件，沿断裂面拼合，用游标卡尺测定试验段长度 l_1，和颈缩断裂处截面直径 d_1。

计算材料延伸率：

$$\delta = \frac{l_1 - l_0}{l_0} \times 100\% \qquad\qquad (4\text{-}5)$$

式中，δ 为伸长率；l_0 为标距长度；l_1 为断裂后标距长度。

计算截面收缩率：

$$\psi = \frac{A_0 - A_1}{A_0} \times 100\% = \frac{d_0^2 - d_1^2}{d_0^2} \times 100\% \qquad\qquad (4\text{-}6)$$

式中，ψ 为断面收缩率；A_0 为标距处截面面积；A_1 为断裂处截面面积；d_0 为标距处截面直径；d_1 为断裂处截面直径。

五、实验方法与步骤

1. 试件准备　用游标卡尺在标距的两端及中部三个位置上，沿两个相互垂直方向各测量一次直径取平均值，再从三个平均值中取最小值作为试件的直径 d_0。

2. 试验机准备　按试验机→计算机→打印机的顺序开机，开机后须预热十分钟才可使用。按照"软件使用手册"，运行配套软件。

3. 安装夹具　根据试件情况准备好夹具，并安装在夹具座上。若夹具已安装好，对夹具进行检查。

4. 夹持试件　若在上空间试验，则先将试件夹持在上夹头上，力清零消除试件自重后再夹持试件的另一端；若在下空间试验，则先将试件夹持在下夹头上，力清零消除试件自重后再夹持试件的另一端。

5. 开始实验　按运行命令按钮，按照软件设定的方案进行实验。

6. 记录数据　试件拉断后，取下试件，将断裂试件的两端对齐、靠紧，用游标卡尺测出试件断裂后的标距长度 l_1 及断口处的最小直径 d_1（一般从相互垂直方向测量两次后取平均值）。

六、实验数据处理

拉伸实验的试件尺寸记录入表 4-4 中。

表 4-4　拉伸实验的试件尺寸记录表

	试验前		试验后	
标距长度	$l_0 =$		$l_1 =$	
直径	$d_0 =$		$d_1 =$	（颈缩断裂截面）
横截面积	$A_0 =$		$A_1 =$	（颈缩断裂截面）

将拉伸实验的结果记录入表 4-5 中，并按表中公式计算弹性模量 E。

表 4-5　拉伸实验数据记录

σ/MPa	$\Delta\sigma_i = \sigma_{iH} - \sigma_i$	$\varepsilon/10^{-6}$	$\Delta\varepsilon_i = \varepsilon_{iH} - \varepsilon_i$	$E_i = \Delta\sigma_i / \Delta\varepsilon_i$
$\sigma_1 =$		$\varepsilon_1 =$		
	$\Delta\sigma_1 =$		$\Delta\varepsilon_1 =$	$E_1 =$
$\sigma_2 =$		$\varepsilon_2 =$		
	$\Delta\sigma_2 =$		$\Delta\varepsilon_2 =$	$E_2 =$
$\sigma_3 =$		$\varepsilon_3 =$		
	$\Delta\sigma_3 =$		$\Delta\varepsilon_3 =$	$E_3 =$
$\sigma_4 =$		$\varepsilon_4 =$		
	$\Delta\sigma_4 =$		$\Delta\varepsilon_4 =$	$E_4 =$
$\sigma_5 =$		$\varepsilon_5 =$		
	$\Delta\sigma_5 =$		$\Delta\varepsilon_5 =$	$E_5 =$
$\sigma_6 =$		$\varepsilon_6 =$		
	$\Delta\sigma_6 =$		$\Delta\varepsilon_6 =$	$E_6 =$
$\sigma_7 =$		$\varepsilon_7 =$		
平均值				$E = \dfrac{\sum\limits_{i=1}^{6} E_i}{6} =$

七、实验报告要求

实验报告应该包括以下内容：实验目的、实验仪器、设备及原理、实验步骤等，按照实验结果填写表 4-4 和表 4-5。

八、思考题

1. 低碳钢属于典型的塑性材料，试绘制低碳钢拉伸曲线，并说明低碳钢拉伸过程分为几个典型阶段？

2. 衡量塑性材料的强度指标是什么？

3. 衡量材料塑性特性的指标是什么？

实验 4.4　金属材料的硬度实验

一、实验目的

掌握洛氏、布氏和维氏硬度的基本原理及测试方法；根据材料的性质正确选择硬度计类型及压入条件；熟悉各种硬度值之间的换算。

二、实验内容

用洛氏硬度计测定试样热处理前后的硬度；用布氏硬度计测定铜氧化铝复合材料的硬度；观察维氏硬度计的操作方法。

三、实验仪器、设备及材料

实验设备：HRS-150 型洛氏硬度计；HR-150A 型洛氏硬度计；HB-3000B 型布氏硬度计；HV-50 型维氏硬度计；读数显微镜。

实验材料：铜氧化铝复合材料；铜铬合金；纱布等。

四、实验原理

硬度试验操作简便，对工件损伤小，可在零件上直接测试，故在生产实践中应用很普遍。硬度所表征的不是一个确定的物理量，它是衡量材料软硬程度的一种性能指标，硬度值的意义随试验方法而不同。硬度试验基本上可分为压入法和刻划法。对于以压入法进行的硬度试验，其硬度值是表示材料抵抗另一物体压入其表面的能力，洛氏、布氏和维氏硬度都属于压入法硬度试验。

（一）洛氏硬度试验法

1. 测试原理

洛氏硬度是以压痕的深度来表示材料的硬度值。图 4-3 为洛氏硬度试验原理图。

测试洛氏硬度时，用规定的压头，先后施加两个负荷：预负荷 F_0 和主负荷 F_1。总负荷 $F = F_0 + F_1$。图 4-3 中，0-0 位置为未加负荷时的压头位

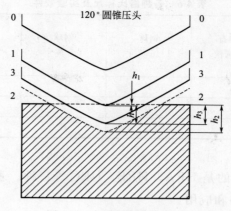

图 4-3　洛氏硬度试验原理

置；1-1 位置为施加 10kgf(1kgf＝9.80665N) 预负荷后的位置，压入深度为 h_1；2-2 位置为加上主负荷后的位置，此时压入深度为 h_2；3-3 位置为卸除主负荷后由于弹性变形的恢复而使压头略微提高的位置，此时压头的实际压入深度为 h_3。由主负荷引起的残余压入深度 $h＝h_3－h_1$，用此来衡量金属硬度值的大小。若直接用 h 来表示硬度，则会出现硬的金属硬度值小，而软的金属硬度值反而大的现象。不符常规。为了适宜人们认为数值愈大硬度值愈高的习惯概念，人为规定，用一常数 K 减去 h 来表示硬度的大小，并规定每 0.002mm 为一个洛氏硬度单位。因此，洛氏硬度值的计算公式可写成：

$$HR＝\frac{K－(h_3－h_1)}{0.002} \qquad (4-7)$$

式中，h_1 为预加负荷压入试样的深度，mm；h_3 为卸除主负荷后压入试样的深度，mm；K 为常数。

A 和 C 标尺 $K＝0.2mm$，B 标尺 $K＝0.26mm$。因此，洛氏硬度值的计算公式还可以写成：

$$HRC(或\ HRA)＝100\frac{h_3－h_1}{0.002} \qquad (4-8)$$

$$HRB＝130－\frac{h_3－h_1}{0.002} \qquad (4-9)$$

试验时，可选用不同的压头和不同的主负荷，洛氏硬度标尺也随之变化。表 4-6 为各种洛氏标尺及试验条件。

表 4-6　各种洛氏标尺及实验条件

标尺符号 / 压头 / 总负荷/kgf	金刚石 120°圆锥	钢球 1/16英寸	钢球 1/8英寸	钢球 1/4英寸	钢球 1/2英寸
160	A	F	H	L	R
100	D	B	E	M	S
150	C	G	K	P	V

注：1 英寸＝0.0254 米。

表 4-6 中最常用的是 HRA、HRB、HRC 等三种。表 4-7 为这三种洛氏硬度标尺的试验条件和应用。

表 4-7　三种洛氏硬度标尺的试验条件和应用

洛氏硬度测量范围	标尺	压头形状	预负荷/kgf	主负荷/kgf	总负荷/kgf	符号	大致相当的维氏硬度值	表盘上刻度颜色	应用
20～67	C	金刚石 120°圆锥	10	140	150	HRC	240～900	黑	碳钢、工具钢及合金钢等淬火和回火后的硬度
25～100	B	1/16 英寸钢球	10	90	100	HRB	60～240	红	有色金属及合金退火锅等低硬度零件的硬度
70～85	A	金刚石 120°圆锥	10	50	60	HRA	390～900	黑	碳化物、硬质合金及表面硬化零件等

2. 洛氏硬度计的操作规程

洛氏硬度计由机体、加荷机构、测深机构和压头等组成。

（1）根据试样的材质、形状和尺寸选择压头、负荷，并安装到位。

（2）试样平放在载物台上，将压头对准试样表面待测部位。

（3）顺时针转动载物台升降手柄使试样接触压头，继续转动手柄使百分表的小指针指向红点，这表明预负荷已加完，此时要求大指针不偏离刻度盘零点±5 个刻度。

（4）转动刻度盘使其零点对准大指针。

（5）扳动加荷手柄施加主负荷，施荷时间 4～6s，然后平稳地把手柄扳回到卸荷位置。

（6）从刻度盘的相应标尺读出指针所指的硬度值。

（7）逆时针旋转手轮，取出试样，测试完毕。

测试洛氏硬度时应注意：

（1）为保证试验结果的精度，试样表面应平整、无油污、无氧化皮及凹坑等；试样的厚度不应小于压痕深度的 10 倍。

（2）两相邻压痕中心距离及压痕中心至试样边缘距离均不得小于 3mm。

（3）洛氏硬度试验如在圆柱或球形表面进行时，应对试验结果加以校正。校正值可通过下列计算公式求得。

对圆柱面：
$$\Delta \text{HRC} = 6\frac{100-\text{HRC}}{D} \times 10 \qquad (4\text{-}10)$$

对球面：
$$\Delta \text{HRC} = 12\frac{100-\text{HRC}}{D} \times 10 \qquad (4\text{-}11)$$

式中，ΔHRC 为应加上的校正值；HRC 为球面或圆柱面的硬度；D 为球或圆柱的直径。

（4）试样的安装必须保证压头所施加的作用力垂直于待测面，对于弯曲及其他不规则形状的试样，必须采用相应的专用工作台。如对圆柱试样须用 V 形工作台。

（5）每个试样的试验次数不应少于两次，取其平均值。

（二）布氏硬度试验法

布氏硬度与材料其他的机械性能关系密切，尤其是与拉伸强度极限存在近似的换算关系：

$$\sigma_\text{b} = K \cdot HB \qquad (4\text{-}12)$$

式中，K 为常数，不同的材料有不同的 K 值。

1. 测试原理

图 4-4 为布氏硬度测试原理图。用一定大小的负荷 $P(\text{kgf})$，把直径为 D（mm）的淬火钢球压入被测试样的表面，保持一定时间后卸除负荷。测量试样表面压痕的直径 d，计算出布氏硬度值，用符号 HB 表示。该值的大小就是试样表面压痕单位面积上所承受的压力。即：

$$HB = P/F = P/\pi Dh = 2P/\pi D(D-\sqrt{D^2-d^2}) \qquad (4\text{-}13)$$

式中，D 为钢球直径，mm；P 为试验负荷，有 3000、1000、750、250kgf 等；d 为压痕直径，mm。

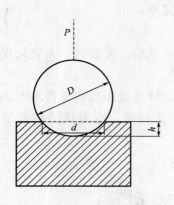
图 4-4　布氏硬度测试原理图

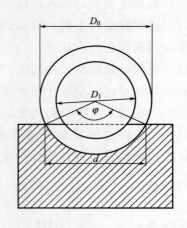
图 4-5　压痕相似原理

由于金属材料软硬不一，薄厚不同，若只采用一种标准负荷 P 和钢球直径 D，就会出现这种现象：若对硬的材料合适，对软的材料就可能使钢球陷入材料内；若对厚的材料适用，对薄的材料就可能压透。因此，实际进行布氏硬度试验时，要求选用不同的负荷 P 和钢球直径 D。但对于同一种材料采用不同的 P 和 D 进行试验，能否得到相同的布氏硬度值，关键在于压痕的几何形状是否相似。图 4-5 表示两个不同直径的压头 D_1 和 D_2 在不同载荷 P_1 和 P_2 作用下，压入金属表面的情况。有图可得出：

$$d = D \sin \frac{\varphi}{2} \qquad (4\text{-}14)$$

即：

$$HB = \frac{P}{D^2} \cdot \frac{2}{\pi \left(1 - \sqrt{1 - \sin^2 \dfrac{\varphi}{2}}\right)} \qquad (4\text{-}15)$$

式中，φ 为压入角。

由上式可看出，假若压入角 φ 不变时，为使同一材料的 HB 值相同，还应保持 P/D^2 也为常数。

国标 GB 231—63 中规定布氏硬度试验时 P/D^2 的比值为 30、10、2.5 三种。根据金属材料种类，试样硬度范围和厚度的不同按表 4-8 选择 P、D 及加荷时间。

表 4-8 布氏硬度试验的规范

金属类型	布氏硬度值（HB）	试样厚度/mm	负荷 P 与钢球直径 D 的关系	钢球直径/mm	负荷 P/kgf	负荷保持时间/s
黑色金属	140～450	6～3	$P=30D^2$	10	3000	10
		4～2		5	750	
		<2		2.5	187.5	
	<140	>6	$P=10D^2$	10	1000	10
		6～3		5	250	
		<3		2.5	62.5	
有色金属	金刚石 120° 圆锥 130	6～3	$P=30D^2$	10	3000	30
		4～2		5	750	
		<2		2.5	187.5	
	36～130	9～3	$P=10D^2$	10	1000	30
		6～3		5	250	
		<3		2.5	62.5	
	8～35	>6	$P=2.5D^2$	10	250	30
		6～3		5	62.5	
		<3		2.5	15.6	

2. 布氏硬度的表示方法

例如用 $D=10\text{mm}$，$P=3000\text{kgf}$，负荷保持时间为 10s 时所测得的硬度值为 280，则表示为 HB280。在其他条件下测得的 HB 值应注以相应的试验条件，例如 HB5/250/30100，表示 $D=5\text{mm}$，$P=250\text{kgf}$，负荷保持时间为 30s 的条件下测得的 HB 值为 100。

3. 布氏硬度计的操作规程（以 HB-3000B 型为例）

布氏硬度计由机体、工作台、加荷机构、换向开关系统（电子控制系统）和压入头等部分组成。

（1）根据材料选择负荷、压入头及施荷时间。

（2）把载物台、负荷、压入头装好。

（3）首先打开开关，接通电源，此时电源指示灯亮。实验力选择好后，按动实验力保持时间按钮（12s、30s 或 60s）。

（4）将试样放到载物台上，顺时针转动手轮使载物台缓缓上升，试样与压头接触直至手轮与螺母产生相对滑动，按动启动按钮，硬度计即可自动完成一个工作循环。

（5）试验结束后，转动手轮，取下试样，用读数显微镜测量试样表面的压痕直径。

（6）根据压痕直径、负荷大小、钢球直径查硬度换算表或用公式计算均可得出布氏硬度值。本实验后的附表 1 列出布氏硬度试验中压痕直径与硬度值之间的关系。

4. 布氏硬度试验中的注意事项

（1）试样表面应光滑、无氧化皮和污物。

（2）试样的厚度应不小于压痕深度的 10 倍。

（3）相邻压痕中心距离不小于压痕直径的 4 倍，压痕中心距试样边缘的距离应不小于压痕直径的 2.5 倍。

（4）压痕直径应在 $0.25D < d < 0.6D$ 范围内，否则试验结果无效。

（5）只可用来测定硬度小于 HB450 的金属材料。

（三）维氏硬度试验法

维氏硬度试验是静载压入法中较精确的一种，它能测定各种金属材料的硬度。

1. 测试原理

维氏硬度的测试原理基本与布氏硬度相同，也是根据压痕单位面积上的负荷来计算硬度值。用符号 HV 表示。

试验时，用一个相对两面夹角为 136° 的金刚石棱锥压头，在一定负荷作用下压入被测试样表面，保持一定时间后卸除负荷，试样表面压出一个四方锥形的压痕，测量压痕的对角线长度（mm），并计算 $HV(kgf/mm^2)$ 值：

$$HV = 1.8544P/d^2 \tag{4-16}$$

式中，HV 为维式硬度；P 为负荷，常用的负荷为 5、10、20、30、50、100kgf；d 为压痕对角线长度，mm。

负荷 P 的选择应根据试样的厚度和硬度范围而定，如表 4-9 所示。

表 4-9 试验负荷 P 选择参照表

负荷/kgf 试样厚度 / 硬度范围	HV25～50	HV50～100	HV100～300	HV300～900
0.3～0.5	—	—	—	5～10
0.5～1.0	—	—	5～10	10～20
1.0～2.0	5～10	5～10	10～20	20 或大于 20
2.0～4.0	10～20	20～30	20～50	50 或 100
＞4.0	20 或大于 20	30 或大于 30	50 或 100	50 或 100

测出压痕对角线长度 d 后，还可通过查表得出 HV 值。见本实验后附表 2。

2. 维氏硬度计的操作

维氏硬度计操作步骤与布氏硬度计相似。所不同的是在读数显微镜下测量其压痕对角线的长度。

（1）将手柄推至试验力卸除位置，使硬度计处于预工作状态。

（2）转动砝码变换手柄使其对准已选好的试验力值。

（3）向左转动转动头座使压头转到试台中心位置。

（4）将试件放在已选好的试台上，旋转手轮升起试台，至试件与保护套接触为止（轻力转不动手轮为止）。

（5）向前拉动手柄，使试验力作用到试件上，此时指示灯燃亮。试验力保持一段时间后，卸除试验力。

（6）指示灯熄灭后（指示灯的燃亮时间即为试验力保持时间）转动手轮，使试件脱离金刚石压头（约7mm）。

（7）向右转动转动头座，使物镜对正压痕并转动手轮使试面（压痕）处于物镜焦面（用眼在目镜内能看见清晰的压痕为止）。

（8）测量压痕　首先移开测微计的两刻线，使其间距大于压痕的对角线，然后，移动左刻线接触压痕的一角，再移动右刻线使之由外向里接触压痕的另一角。压痕大小的读数：首先读出分划板上被压痕盖住的完整格数，再读出螺旋百分筒上的格数，二者相加即为压痕对角线的长度。如图4-6所示，图中被压痕盖住的刻线格为4格，而在螺旋百分筒上的格数为43，则 $0.4+0.043=0.443$mm，即为压痕的长度。测量一对角线长度后，将测微目镜转90°角再测量另一对角线长度。两次测量的算术平均值，即为此压痕对角线长度。

图4-6　压痕图

根据已得出的压痕对角线的长度和所用的试验力，在维氏硬度值换算表中查出硬度值，取下试件，即完成一次试验。

（四）各种硬度间的换算

附表 3 中列出了布氏、洛氏和维氏硬度间的换算。洛氏硬度和布氏硬度之间有一定的换算关系。对钢铁材料而言，HB≈2HRB，HB≈10HRC（只适用于 HRC＝40～60 范围）

五、实验方法与步骤

1. 分组熟悉各种硬度计的构造及操作方法。

2. 用砂纸打磨试样的表面。

3. 进行硬度测定，洛氏硬度（HRB、HRC）每个试样测三点，取平均值并记录在表 4-10 中；布氏硬度（HB）每个试样测两点，然后用读数显微镜测试样表面的压痕直径，测得结果查表 4-8 确定试样的硬度值，取两点的平均值并记录在表 4-11 中。

六、实验数据处理

将实验数据分别记录入表 4-10 和表 4-11 中。

表 4-10　洛氏硬度实验记录表

项目 试样	实 验 规 范			实 验 结 果				换算成 布氏硬 度（HB）
	压头	主载荷/kgf	硬度标尺	第一次	第二次	第三次	平均值	
铜铬合金								
钛合金								

表 4-11　布氏硬度实验记录表

项目 试样	实 验 规 范				实 验 结 果				换算洛氏值		
	钢球 直径 D/mm	主载 荷 /kgf	P/D^2	施荷 停留 时间/s	第一次		第二次		平均 值 HB	HRC	HRB
					压痕直 径 d/mm	HB	压痕直 径 d/mm	HB			
纯铜											

七、实验报告要求

实验报告应包括以下内容：实验目的；实验仪器、设备及材料；布氏、洛氏硬度计的测定原理；实验步骤等。

附表 1　压痕直径与布氏硬度对照表

压痕直径 d_{10}/mm	在下列载荷 P(kgf)下的布氏硬度(HB)			压痕直径 d_{10}/mm	在下列载荷 P(kgf)下的布氏硬度(HB)		
	$30D^2$	$10D^2$	$2.5D^2$		$30D^2$	$10D^2$	$2.5D^2$
2.50	601	200	—	4.25	201	67.1	16.8
2.55	578	193	—	4.30	197	65.5	16.4
2.60	555	185	—	4.35	192	63.9	16.0
2.65	534	178	—	4.40	187	62.4	15.6
2.70	514	171	—	4.45	183	60.9	15.2
2.75	495	165	—	4.50	179	59.5	14.9
2.80	477	159	—	4.55	174	58.1	14.5
2.85	461	154	—	4.60	170	56.8	14.2
2.90	444	148	—	4.65	167	55.5	13.9
2.95	429	143	—	4.70	163	54.3	12.6
3.00	415	138	34.6	4.75	159	53.0	13.3
3.05	410	133	33.4	4.80	156	51.9	13.0
3.10	388	129	32.3	4.85	152	50.7	12.7
3.15	375	125	31.3	4.90	149	49.6	12.4
3.20	363	121	30.3	4.95	146	48.5	12.2
3.25	352	118	29.3	5.00	143	47.5	11.9
3.30	341	114	28.4	5.05	140	46.5	11.6
3.35	331	110	27.5	5.10	137	45.5	11.4
3.40	321	107	26.7	5.15	134	44.6	11.2
3.45	311	104	25.9	5.20	131	43.7	10.9
3.50	302	101	25.2	5.25	128	42.8	10.7
3.55	293	98	24.5	5.30	126	41.9	10.5
3.60	285	95	23.7	5.35	123	41.0	10.3
3.65	277	92.3	23.1	5.40	121	40.2	10.1
3.70	269	89.7	22.4	5.45	118	39.4	9.86
3.75	262	87.2	21.8	5.50	116	38.6	9.66
3.80	255	84.9	21.2	5.55	114	37.9	9.46
3.85	248	82.6	20.7	5.60	111	37.1	9.27
3.90	241	80.4	20.1	5.65	109	36.4	9.10
3.95	235	78.3	19.6	5.70	107	35.6	8.90
4.00	229	76.3	19.1	5.75	105	35.0	8.76
4.05	223	74.3	18.6	5.80	103	34.3	8.59
4.10	217	72.4	18.1	5.85	101	33.7	8.43
4.15	212	70.6	17.6	5.90	99	33.1	8.26
4.20	207	68.8	17.2				

注：1. 本表摘自国家标准金属布氏硬度试验法（GB 231—63）中规定的数据。

2. 表中压痕直径 $D=10$mm 钢球的试验数据，如用 $D=5$mm 或 $D=2.5$mm 钢球试验时，则所得压痕直径应分别增加到 2 倍或 4 倍。例如用 $D=5$mm 钢球在 750kgf 载荷下所得的压痕直径为 1.65mm，则在查表时采用 $1.65×2=3.30$mm，而其相应硬度值为 341。

附表2 压痕对角线长度与维氏硬度对照表

压痕对角线长度/mm	在下列负载 P(kgf)下的维氏硬度(HV)			压痕对角线长度/mm	在下列负载 P(kgf)下的维氏硬度(HV)			压痕对角线长度/mm	在下列负载 P(kgf)下的维氏硬度(HV)		
	30	10	5		30	10	5		30	10	5
0.100			927	0.340	481	160	80.2	0.660	128	42.6	21.3
0.105			841	0.345	467	156	77.9	0.670	124	41.3	20.7
0.110			766	0.350	454	151	75.7	0.680	120	40.1	20.1
0.115			701	0.355	441	147	73.6	0.690	117	39.0	19.5
0.120		1288	644	0.360	429	143	71.6	0.700	114	37.8	18.9
0.125		1189	593	0.365	418	139	69.6	0.710	110	36.8	18.4
0.130		1097	549	0.370	406	136	67.7	0.720	107	35.8	17.9
0.135		1030	509	0.375	396	132	66.0	0.730	104	34.8	17.4
0.140		946	473	0.380	385	128	64.2	0.740	102	33.9	16.9
0.145		882	441	0.385	375	125	62.6	0.750	98.9	33.0	16.5
0.150		824	412	0.390	366	122	61.0	0.760	96.3	32.1	16.1
0.155		772	386	0.395	357	119	59.4	0.770	93.8	31.1	15.6
0.160		724	362	0.400	348	116	58.0	0.780	91.4	30.5	15.2
0.165		681	341	0.405	339	113	56.5	0.790	89.1	29.7	14.9
0.170		642	321	0.410	331	110	55.2	0.800	86.9	29.0	14.5
0.175		606	303	0.415	323	108	53.9	0.810	84.8	28.3	14.1
0.180		572	286	0.420	315	105	52.6	0.820	82.7	27.6	13.8
0.185		542	271	0.425	308	103	51.3	0.830	80.8	26.9	13.5
0.190		514	251	0.430	301	100	50.2	0.840	78.8	26.3	13.1
0.195		488	244	0.435	294	88.0	49.0	0.850	77.0	25.7	12.8
0.200		464	232	0.440	287	95.8	47.9	0.860	75.2	25.1	12.5
0.205		442	221	0.445	281	93.6	46.8	0.870	73.5	24.5	12.3
0.210		421	210	0.450	275	91.6	45.8	0.880	71.8	24.0	12.0
0.215		401	201	0.455	269	89.6	44.8	0.890	70.2	23.4	11.7
0.220	1149	383	192	0.460	263	87.6	43.8	0.900	68.7	22.9	11.5
0.225	1113	366	183	0.465	257	85.8	42.9	0.910	67.2	22.4	11.2
0.230	1051	351	175	0.470	252	84.0	42.0	0.920	65.7	21.9	11.0
0.235	1007	336	168	0.475	247	82.2	41.1	0.930	64.3	21.4	10.7
0.240	966	332	161	0.480	242	80.5	40.2	0.940	63.0	21.0	10.5
0.245	927	309	155	0.485	237	78.8	39.4	0.950	61.6	20.5	10.3
0.250	890	297	148	0.490	232	77.2	38.6	0.960	60.4	20.1	10.1
0.255	856	285	143	0.495	227	75.7	37.8	0.970	59.1	19.7	9.9
0.260	823	274	137	0.500	223	74.2	37.1	0.980	57.9	19.3	9.7
0.265	792	264	132	0.510	214	71.3	35.6	0.990	56.8	18.9	9.5
0.270	763	254	127	0.520	206	68.6	34.3	1.00	55.6	18.5	9.3
0.275	736	245	123	0.530	198	66.0	33.0	1.05	50.5	16.8	8.4
0.280	710	236	118	0.540	191	63.6	31.8	1.10	46.0	15.3	
0.285	685	228	114	0.550	184	61.3	30.7	1.15	42.1	14.0	
0.290	661	221	110	0.560	177	59.1	29.6	1.20	38.6	12.9	
0.295	639	213	107	0.570	171	57.1	28.5	1.25	35.6	11.9	
0.300	618	206	103	0.580	165	55.1	27.6	1.30	32.9	11.0	
0.305	598	199	99.7	0.590	160	53.3	26.6	1.35	30.5	10.2	
0.310	579	193	96.5	0.600	155	51.5	25.8	1.40	28.4	9.5	
0.315	561	187	93.4	0.610	150	49.8	24.9	1.45	26.5	8.8	
0.320	543	181	90.6	0.620	145	48.2	24.12	1.50	24.7	8.2	
0.325	527	176	87.8	0.630	140	46.7	23.4	1.55	23.2		
0.330	511	170	85.2	0.640	136	45.3	22.6	1.60	21.7		
0.335	496	165	82.6	0.650	132	43.9	22.0	1.65	20.4		

附表 3　各种硬度（布氏、洛氏、维氏）换算表

布氏硬度	洛氏硬度		维氏硬度	布氏硬度	洛氏硬度		维氏硬度
HB10/3000	HRA	HRC	HV	HB10/3000	HRA	HRC	HV
—	83.9	65	856	341	(69.0)	37	347
—	83.3	64	825	332	(68.5)	36	338
—	82.8	63	795	323	(68.0)	35	320
—	82.2	62	766	314	(67.5)	34	320
—	81.7	61	739	306	(67.0)	33	312
—	81.2	60	713	298	(66.4)	32	304
—	80.6	59	688	291	(65.9)	31	296
—	80.1	58	664	288	(65.4)	30	289
—	79.5	57	642	275	(64.9)	29	281
—	79.0	56	620	269	(64.4)	28	274
—	78.5	55	599	263	(63.8)	27	268
—	77.9	54	579	257	(63.8)	26	261
—	77.4	53	561	251	(62.8)	25	255
—	76.9	52	543	245	(62.3)	24	240
501	76.3	51	525	240	(61.7)	23	243
466	75.8	50	509	234	(61.2)	22	237
474	75.3	49	493	229	(60.7)	21	231
461	74.7	48	478	225	(60.2)	20	226
449	74.2	47	463	220	(69.7)	(19)	221
436	73.7	46	449	216	(59.1)	(18)	216
424	73.2	45	436	211	(58.6)	(17)	—
413	72.6	44	423	208	(68.1)	(16)	—
401	72.1	43	411	204	(57.6)	(15)	—
391	71.6	42	399	200	(57.1)	(14)	—
380	71.1	41	388	196	(56.5)	(13)	—
370	70.5	40	377	192	(56.0)	(12)	—
360	70.0	39	367	188	(55.5)	(11)	—
350	(69.5)	38	357	185	(55.0)	(10)	—

注：1. 本表摘自国家标准 GB 1172—74 中所列的数据。

2. 表中带有括号"（ ）"的硬度值仅供参考。

实验 4.5　金属材料热处理工艺对组织与性能的影响

一、实验目的

　　了解碳钢热处理工艺操作；掌握热处理后钢的金相组织分析和洛氏硬度测量方法；探讨淬火温度、淬火冷却速度、回火温度对 45 和 T12 钢的组织和性能（硬度）的影响；巩固课堂教学所学相关知识，体会材料的成分-工艺-组织-性能之间的关系。

二、实验内容

　　1. 45 和 T12 钢试样淬火、回火操作，用洛氏硬度计测定试样热处理前后的硬度。工艺规范见表 4-12。

　　2. 制备并观察实验报告所要求样品的显微组织。

　　3. 观察幻灯片，熟悉钢热处理后的典型组织：上贝氏体、下贝氏体、片状马氏体、条状马氏体、回火马氏体等的金相特征。

三、实验仪器、设备及材料

　　实验设备：热处理炉，洛氏硬度计，淬火水槽，铁丝、钳子，金相显微镜，抛光机等金相制样设备。

　　实验材料：45、T12 钢试样，尺寸分别为 $\phi 10\text{mm} \times 15\text{mm}$、$\phi 10\text{mm} \times 12\text{mm}$；砂纸、玻璃板等。

四、实验原理

1. 淬火、回火工艺参数的确定

　　$Fe\text{-}Fe_3C$ 状态图和 C-曲线是制定碳钢热处理工艺的重要依据。热处理工艺参数主要包括加热温度、保温时间和冷却速度。

　　（1）加热温度的确定　淬火加热温度决定钢的临界点，亚共析钢，适宜的淬火温度（Ac3 以上）为 30～50℃，淬火后的组织为均匀而细小的马氏体。如果加热温度不足（<Ac3），淬火组织中仍保留一部分原始组织的铁

素体，造成淬火硬度不足。

过共析钢，适宜的淬火温度为 Ac1 以上 30～50℃，淬火后的组织为马氏体十二次渗碳体（分布在马氏体基体内成颗粒状）。二次渗碳体的颗粒存在，会明显增高钢的耐磨性。而且加热温度较 Acm 低，这样可以保证马氏体针叶较细，从而减低脆性。

回火温度，均在 Ac1 以下，其具体温度根据最终要求的性能（通常根据硬度要求）而定。

（2）加热、保温时间的确定　加热、保温的目的是为了使零件内外达到所要求的加热温度，完成应有的组织转变。加热、保温时间主要决定于零件的尺寸、形状、钢的成分、原始组织状态、加热介质、零件的装炉方式和装炉量以及加热温度等。本试验用圆形薄片试样，在热处理炉中加热，加热温度在 800～900℃ 之间，按直径每毫米保温一分钟计算。

回火加热保温时间应与回火温度结合起来考虑，一般来说，低温回火时，由于所得组织并不是稳定的，内应力消除也不充分，为了使组织和内应力稳定，从而使零件在使用过程中性能与尺寸稳定，所以回火时间要长一些，不少于 1.5～2h。高温回火时间不宜过长，过长会使钢过分软化，有的钢种甚至造成严重的回火脆性，一般在 0.5～1h。

（3）冷却介质　冷却介质是影响钢最终获得组织与性能的重要工艺参数，同一种碳钢，在不同冷却介质中冷却时，由于冷却速度不同，奥氏体在不同温度下发生转变，并得到不同的转变产物。淬火介质主要根据所要求的组织和性能来确定。常用的介质有水、盐水、油、空气等。对碳钢而言，退火常采用随炉缓慢冷却，正火为空气中冷却，淬火为在水或盐水中冷却，回火为在空气中冷却。

2. 基本组织的金相特征

碳钢经退火、正火后可得到平衡组织，淬火后则得到各式各样的不平衡组织，这样，在研究钢热处理后的组织时，不仅要参考铁碳状态图和 C-曲线，而且还要熟悉以下基本组织的金相特征。

（1）索氏体　是铁素体与片状渗碳体的机械混合物。片层分布比珠光体细密，在高倍（700 倍左右）显微镜下才能分辨出片层状。

（2）屈氏体　也是铁素体与片状渗碳体的机械混合物。片层分布比索氏体更细密，在一般光学显微镜下无法分辨，只能看到黑色组织如墨菊状。当有少量析出时，沿晶界分布呈黑色网状包围马氏体；当析出量较多时，则呈大块黑色晶粒状。只有在电子显微镜下才能分辨其中的片层状。层片愈细，则塑性变形的抗力愈大，强度及硬度愈高，另一方面，塑性及韧性则有所下降。

（3）贝氏体　从金相形态看，贝氏体主要有三种形态，即羽毛状上贝氏体和针状下贝氏体、粒状贝氏体。

a. 上贝氏体　是条状铁素体大致平行排列，在铁素体条间分布与铁素体条轴相平行的条状渗碳体。同时铁素体条内有较高的位错密度。在上贝氏体中，渗碳体条间距决定于铁素体条的宽度，通常比珠光体的片间距大，且渗碳体的分布是断断续续的。上贝氏体的强度较低，同时由于在铁素体条间存在有狭长的碳化物沉淀，使条间易于断裂，故生产中应尽量避免这一组织产生。

b. 下贝氏体　针状铁素体内沉淀有碳化物，碳化物的趋向与铁素体的长轴成 $55°\sim60°$。

（4）马氏体　所谓马氏体就是碳在 α-Fe 中的过饱和固溶体。马氏体组织形态按其碳含量的高低分为两种，即板条状马氏体和片状马氏体。

a. 板条状马氏体　一般低碳钢或低碳合金钢淬火后得到板条状马氏体组织。其组织特征为：尺寸大致相同的细马氏体条定向平行排列组成马氏体束或马氏体领域。在领域与领域之间位向差较大，一颗原始的奥氏体晶粒内可形成几个不同的马氏体领域。条状马氏体具有较低的硬度，好的韧性。

b. 片状马氏体　含碳量较高的钢中淬火后马氏体呈片状（针状、透镜状、竹叶状）存在。它区别于条状马氏体的主要特征是：条状马氏体中毗邻的一根根马氏体是平行的、长度大致相同的狭条；而在片状马氏体中片间不互相平行，在一个奥氏体晶粒内形成的第一片马氏体较粗大，往往横穿整个奥氏体晶粒，将奥氏体晶粒加以分割，使以后形成的马氏体片的大小受到限制。因此片状马氏体的大小不一。同时有些马氏体有一条中脊面，并在马氏体片周围有残留奥氏体存在。针状马氏体具有高的硬度，低的韧性。

（5）回火马氏体　片状马氏体经低温回火（150～250℃）后，得到回火马氏体。它仍具有针状特征，由于有极小的碳化物析出使回火马氏体极易浸蚀，所以在光学显微镜下，颜色比淬火马氏体深。

（6）回火屈氏体　淬火钢在中温回火（350～500℃）后，得到回火屈氏体组织。其金相特征是：原来条状或片状马氏体的形态仍基本保持，第二相析出在其上。回火屈氏体中的渗碳体颗粒很细小，以致在光学显微镜下难以分辨，用电镜观察时发现渗碳体已明显长大。

（7）回火索氏体 淬火钢在高温回火（500～650℃）回火后得到回火索氏体组织。它的金相特征是：铁素体基体上分布着颗粒状渗碳体。碳钢调质后回火索氏体中的铁素体已成等轴状，一般已没有针状形态。

必须指出：回火屈氏体、回火索氏体是淬火马氏体回火时的产物，它的渗碳体是颗粒状的，且均匀地分布在α相基体上；而屈氏体、索氏体是奥氏体过冷时直接形成，它的渗碳体是呈片层状。回火组织较淬火组织在相同硬度下具有较高的塑性及韧性。

五、实验方法与步骤

1. 热处理与性能（硬度）测试。

2. 组织分析：制备并观察所处理样品的金相显微组织，绘制所处理试样的金相组织图像，并说明各组成相。

将实验数据记录入表 4-12 中。

表 4-12　热处理与硬度测试结果

| 材料 | 编号 | 热处理工艺 | | 硬度 HRC | | 最终组织 |
		加热温度/℃	冷却方法	处理前	处理后	
45	1	860	炉冷			
	2	860	空冷			
	3	860	水冷			
T12	4	900	炉冷			
	5	900	空冷			
	6	900	水冷			

六、实验报告要求

1. 实验报告应包括：实验目的；实验设备及材料；实验步骤等。

2. 报告含有"热处理与硬度测试结果（表 4-12）"。

3. 报告含有表 4-12 中各处理工艺下金相组织简图。

七、实验注意事项

1. 按组每人领取已编好号码的试样一块，扎好铁丝，按表 4-12 中规定条件进行处理。

2. 各试样处理的加热炉已预先开好，注意选用合适的加热温度。试样加热时，应尽量靠近加热电偶端点附近，以保证热电偶测出的温度尽量接近试样温度。开炉门放试样时要断电。

3. 当试样颜色和炉膛颜色一致时，开始计算保温时间，保温 10min 后，立即取出正火或淬火。淬火槽应尽量靠近炉门，钳子不许直接夹试样，操作要迅速，并搅动试样，否则有可能淬不硬。试样出炉开炉门时也应断电。

4. 试样经处理后，必须用纱布磨去氧化皮，擦净，然后在洛氏硬度计上测硬度值。

实验 4.6　金相显微镜的使用与金相样品的制备

一、实验目的

熟悉金相显微镜的基本原理及使用方法；初步学会金相样品制备的基本方法；分析样品制备过程中产生的缺陷及防止措施；初步认识金相显微镜下的组织特征。

二、实验内容

1. 熟悉金相显微镜的基本原理和使用方法。

2. 制备工业纯 Fe、T8 钢试样的金相样品。

3. 观察并绘制浸蚀后工业纯 Fe、T8 钢金相试样显微组织。

三、实验仪器、设备及材料

实验设备：金相显微镜；抛光机；不同号数的砂纸、玻璃板、吹风机等金相制样设备。

实验材料：工业纯 Fe、T8 钢试样，尺寸分别为 $\phi 10mm \times 15mm$、$\phi 10mm \times 12mm$；4％的硝酸酒精溶液、酒精、棉花等。

四、金相显微镜的构造和基本原理

1. 金相显微镜的构造

以 XJB-1 型金相显微镜为例进行说明。XJB-1 型金相显微镜结构见图4-7。由灯泡发出一束光线，经过聚光镜组及反光镜，被会聚在孔径光阑（14）上，然后经过视域光阑（13），透过半反光镜（3），通过物镜（2），到达载物台（1）上的样品上。从物体表面散射出来的成像光线，复经物镜（2），经半反光镜（3）反射，通过棱镜组和目镜（9），形成一个物体的放大实像。这样，显微镜里观察到的就是通过物镜和目镜两次放大所得的图像。

各部件的位置及功能如下。

（1）照明系统　在底座内装有一低压卤钨灯泡，由变压器提供 6V 的使用电压，灯泡前有聚光镜，孔径光阑及反光镜等安装在底座上，视场光阑及另一聚光镜安装在支架上，通过一系列透镜作用及配合组成了照明系统。目的是样品表面能得到充分均匀的照明，使部分光线被反射而进入物镜成像。并经物镜及目镜的放大而形成最终观察的图像。

（2）调焦装置　在显微镜两侧有粗调焦和微调焦手轮，转动粗调手轮，可使载物弯臂上下运动，其中一侧有制动装置，而微动手轮使弯臂很缓慢地移动，右微动手轮上刻有分度，每小格值为 0.002mm，在右粗动手轮左侧，装有松紧调节手轮，在左粗动手轮右侧，装有粗动调焦单向限位手柄，当顺时针转动锁紧后，载物台不再下降，但反向转动粗动调焦手轮，载物台仍可迅速上升，当图像调好后，更换物镜时，聚焦很方便。

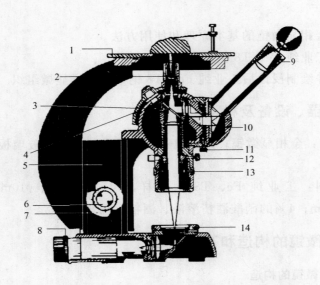

图 4-7　XJB-1 型金相显微镜的结构

1—载物台；2—物镜；3—半反光镜；4—转换器；5—传动箱；
6—微调焦手轮；7—粗调焦手轮；8—偏心轮；9—目镜；
10—目镜管；11—固定螺丝；12—调节螺丝；
13—视域光阑；14—孔径光阑

（3）物镜转换器　位于载物台下方，可更换不同倍数的物镜，与目镜配合，可获得所需的放大倍数。

（4）载物台　位于显微镜的最上部，用于放置金相样品，纵向手轮和横向手轮可使载物台在水平面上作一定范围内的十字定向移动。

2. XJB‑1 型金相显微镜操作规程

（1）将显微镜的光源与 6V 的变压器接通，把变压器与 220V 电源接通，并打开开关。

（2）根据放大倍数选择适当的物镜和目镜，用物镜转换器将其转到固定位置，需调整两目镜的中心距，以使与观察者的瞳孔距相适应，同时转动目镜调节圈，使其示值与瞳孔距一致。

（3）把样品放在载物台上，使观察面向下。转动粗调手轮，使载物台下降，在看到物体的像时，再转动微调焦手轮，直到图像清晰。

（4）纵向手轮和横向手轮可是使载物台在水平面上作一定范围内的十字定向移动。用于选择视域。但移动范围较小，要一边观察，一边转动。

（5）转动孔径光阑至合适位置，得到亮而均匀的照明。

（6）转动视域光阑使图像与目镜视场大小相等，以获得最佳质量的图像。

3. 注意事项

（1）在用显微镜进行观察前必须将手洗净擦干，并保持室内环境的清洁，操作时必须特别仔细，严禁任何剧烈的动作。

（2）低压灯泡切勿直接插入 220V 的电源上，应通过变压器与电源接通。

（3）显微镜的玻璃部分及样品观察面严禁手指直接接触。

（4）在转动粗调手轮时，动作一定要慢，若遇到阻碍时，应立即停止操作，报告指导教师，千万不能用力强行转动，否则易损坏仪器。

（5）要观察用的金相样品必须完全干燥。

（6）选择视域时，要缓慢转动手轮，边观察边进行。勿超出范围。

五、金相样品制备的基本方法

金相样品的制备过程一般包括取样、镶嵌、粗磨、细磨、抛光和腐蚀步骤。虽然随着科学的不断发展，样品制备的设备越来越先进，自动化的程度越来越高，有预磨机、自动抛光机等，但目前在我国手工制备金相样品的方法由于有许多优点仍在广泛使用。

1. 常用金相样品的制备要点

（1）取样时，按检验目的确定其截取部位和检验面，尺寸要适合手拿磨制，若无法做到，可进行镶嵌。并要严防过热与变形，引起组织改变。

（2）对尺寸太小，或形状不规则和要检验边缘的样品，可进行镶嵌或机械夹持。根据材料的特点选择热镶嵌或冷镶嵌与机械夹持。

（3）粗磨时，主要要磨平检验面，去掉切割时的变形及过热部分。同时，要防止又产生过热。并注意安全。

（4）细磨时，要用力大小合适均匀，且使样品整个磨面全部与砂纸接触，单方向磨制距离要尽量的长，更换砂纸时，不要将砂粒带入下道工序。

（5）抛光时，要将手与整个样品清洗干净，在抛光盘边缘和中心之间进行抛光。用力要均匀适中，少量多次地加入抛光液。并要注意安全。

（6）腐蚀前，样品抛光面要干净干燥，腐蚀操作过程衔接要迅速。

（7）腐蚀后，要将整个样品与手完全冲洗干净，并充分干燥后，才能在显微镜下进行观察与分析工作。

金属材料常用腐蚀剂如表 4-13 所示，金相样品的制备方法如表 4-14 所示。

表 4-13　金属材料常用腐蚀剂

腐蚀剂名称	成分 m_1/g	腐蚀条件	适应范围
硝酸酒精溶液	硝酸　1～5 酒精　100	室温腐蚀数秒	碳钢及低合金钢,能清晰地显示铁素体晶界
苦味酸酒精溶液	苦味酸 4 酒精　100	室温腐蚀数秒	碳钢及低合金钢,能清晰地显示珠光体和碳化物
苦味酸钠溶液	苦味酸 2～5 苛性钠 20～25 蒸馏水 100	加热到 60℃ 腐蚀 5～30min	渗碳体呈暗黑色,铁素体不着色
混合酸酒精溶液	盐酸　10 硝酸　3 酒精　100	腐蚀 2～10min	高速钢淬火及淬火回火后晶粒大小
氯化铁、盐酸水溶液	三氯化铁 5 盐酸　10 水　　100	腐蚀 1～2min	黄铜及青铜的组织显示

表 4-14　金相样品的制备方法

步骤	方　法	注意事项
取样	在要检测的材料或零件上截取样品,取样部位和磨面根据分析要求而定,截取方法视材料硬度选择,有车、刨、砂轮切割机,线切割机及锤击法等,尺寸以适宜手握为宜	无论哪种方法取样,都要尽量避免和减少因塑性变形和受热所引起的组织变化现象。截取时可加水等冷却
镶嵌	若由于零件尺寸及形状的限制,使样后的尺寸太小、不规则,或需要检验边缘的样品,应将分析面整平后进行镶嵌。有热镶嵌和冷镶嵌及机械夹持法。应根据材料的性能选择	热镶嵌要在专用设备上进行,只适应于加热对组织不影响的材料。若有影响,要选择冷镶嵌或机械夹持

步骤	方 法	注意事项
粗磨	用砂轮机或锉刀等磨平检验面,若不需要观察边缘时可将边缘倒角。粗磨的同时去掉了切割时产生的变形层	若有渗层等表面处理时,不要倒角,且要磨掉约 1.5mm,如渗碳
细磨	按金相砂纸号顺序:120、280、01、03、05 或 120、280、02、04、06 将砂纸平铺在玻璃板上,一手拿样品,一手按住砂纸磨制,更换砂纸时,磨痕方向应与上道磨痕方向垂直,磨到前道磨痕消失为止,砂纸磨制完毕,将手和样品冲洗干净	每道砂纸磨制时,用力要均匀,一定要磨平检验面,转动样品表面,观察表面的反光变化确定,更换砂纸时,勿将砂粒带入下道工序
粗抛光	用绿粉(Cr_2O_3)水溶液作为抛光液在帆布上进行抛光,将抛光液少量多次地加入到抛光盘上进行抛光。注意安全,以免样品飞出伤人	初次制样时,适宜在抛光盘约半径一半处抛光,感到阻力大时,就该加抛光液了
细抛光	用红粉(Fe_2O_3)水溶液作为抛光液在绒布上抛光,将抛光液少量多次地加入到抛光盘上进行抛光	初次制样时,适宜在抛光盘约半径一半处抛光,感到阻力大时,就该加抛光液了
腐蚀	抛光好的金相样品表面光亮无痕,若表面干净干燥,可直接腐蚀,若有水分可用酒精冲洗吹干后腐蚀。将抛光面浸入选定的腐蚀剂中(钢铁材料最常用的腐蚀剂是 3%~5% 的硝酸酒精),或将腐蚀剂滴入抛光面,当颜色变成浅灰色时,再过 2~3s,用水冲洗,再用酒精冲洗,并充分干燥	这步动作间的衔接一定要迅速,以防氧化污染,腐蚀完毕,必须将手与样品彻底吹干,一定要完全充分干燥,方可在显微镜下观察分析。否则显微镜镜头易损坏

2. 样品腐蚀(即浸蚀)**的方法**

金相样品腐蚀的方法有多种,最常用的是化学腐蚀法。化学腐蚀法是利用腐蚀剂对样品的化学溶解和电化学腐蚀作用将组织显示出来。其腐蚀方式取决于组织中组成相的数量和性质。

(1)纯金属或单相均匀的固溶体的化学腐蚀方式 其腐蚀主要为纯化学溶解的过程。例如工业纯铁退火后的组织为铁素体和极少量的三次渗碳体,可近似看作是单相的铁素体固溶体,由于铁素体晶界上的原子排列紊乱,并有较高的能量,因此晶界处容易被腐蚀而显现凹沟,同时由于每个晶粒中原子排列的位向不同,所以各自溶解的速度不一样,使腐蚀后的深浅程度也有差别。在显微镜明场下,即垂直光线的照射下将显示出亮暗不同的晶粒。

(2)两相或两相以上合金的化学腐蚀方式 对两相或两相以上的合金组织,腐蚀主要为电化学腐蚀过程。例如共析碳钢退火后层状珠光体组织的腐蚀过程,层状珠光体是铁素体与渗碳体相间隔的层状组织。在腐蚀过程中,因铁素体具有较高的负电位而被溶解,渗碳体具有较高的正电位而被保护,在两相交界处铁素体一侧因被严重腐蚀而形成凹沟。因而在显微镜下可以看到渗碳体周围有一圈黑,显示出两相的存在。

六、实验方法与步骤

1. 阅读实验指导书上的有关部分及认真听取指导老师对实验内容等的介绍。

2. 每人领取金相试样一个。

3. 用砂轮机打磨试样，直到获得平整的表面。

4. 用手工湿磨法从粗到细磨光。

5. 用机械抛光机抛光，获得光亮镜面。

6. 用浸蚀剂浸蚀试样磨面，然后用显微镜观察组织，并绘出显微组织示意图。

7. 将制备好的金相试样放入实验室的干燥器皿内，留作下一实验拍摄用。

8. 实验完毕后清理仪器设备。

七、实验报告要求

实验报告应包括以下内容：

1. 简述金相显微镜的基本原理和主要结构。

2. 叙述金相显微镜的使用方法要点及其注意事项。

3. 简述金相样品的制备步骤；分析自己在实际制样中出现的问题，并提出改进措施。

4. 画出工业纯 Fe、T8 钢试样浸蚀后金相试样显微组织。

参 考 文 献

［1］ 赵刚. 材料成型及控制工程实验指导书［M］. 北京：冶金工业出版社，2008.

［2］ 吴智华. 高分子材料加工工程实验教程［M］. 北京：化学工业出版社，2004.

［3］ 潘清林. 材料科学与工程实验教程：金属材料分册［M］. 北京：冶金工业出版社，2011.

［4］ 潘清林. 金属材料科学与工程实验教程［M］. 长沙：中南大学出版社，2006.

［5］ 潘春旭. 材料物理与化学实验教程［M］. 长沙：中南大学出版社，2008.

［6］ 周小平. 金属材料及热处理实验教程［M］. 武汉：华中科技大学出版社，2006.

［7］ 蔡艳荣. 仪器分析实验教程［M］. 北京：中国环境科学出版社，2010.

［8］ 夏华. 材料加工实验教程［M］. 北京：化学工业出版社，2011.

［9］ 葛利玲. 材料科学与工程基础实验教程［M］. 北京：机械工业出版社，2008.

［10］ 王瑞生. 无机非金属材料实验教程［M］. 北京：冶金工业出版社，2004.

［11］ 汪建新. 高分子科学实验教程［M］. 哈尔滨：哈尔滨工业大学出版社，2009.

［12］ 王忠. 高分子材料与工程专业实验教程［M］. 西安：陕西人民出版社，2007.

［13］ 张爱清. 高分子科学实验教程［M］. 北京：化学工业出版社，2011.

［14］ 黄新友. 无机非金属材料专业综合实验与课程实验［M］. 北京：化学工业出版社，2010.

［15］ 周达飞. 高分子材料成形加工［M］. 北京：中国轻工业出版社，2005.

［16］ 王贵恒. 高分子材料成形加工原理［M］. 北京：化学工业出版社，2010.

［17］ 夏巨湛. 金属塑性成形综合实验［M］. 北京：机械工业出版社，2010.